BestMasters

Weitere Informationen zu dieser Reihe finden Sie unter
http://www.springer.com/series/13198

Mit „BestMasters" zeichnet Springer die besten Masterarbeiten aus, die an renommierten Hochschulen in Deutschland, Österreich und der Schweiz entstanden sind. Die mit Höchstnote ausgezeichneten Arbeiten wurden durch Gutachter zur Veröffentlichung empfohlen und behandeln aktuelle Themen aus unterschiedlichen Fachgebieten der Naturwissenschaften, Psychologie, Technik und Wirtschaftswissenschaften.

Die Reihe wendet sich an Praktiker und Wissenschaftler gleichermaßen und soll insbesondere auch Nachwuchswissenschaftlern Orientierung geben.

Irina Geibel

Cer-katalysierte, oxidative C-C-Kupplungsreaktionen

Neue Umpolungsreaktion zur Synthese von 1,4-Diketonen

 Springer Spektrum

Irina Geibel
Oldenburg, Deutschland

BestMasters
ISBN 978-3-658-12802-9   ISBN 978-3-658-12803-6   (eBook)
DOI 10.1007/978-3-658-12803-6

Die Deutsche Nationalbibliothek verzeichnet diese Publikation in der Deutschen Nationalbibliografie;
detaillierte bibliografische Daten sind im Internet über http://dnb.d-nb.de abrufbar.

Springer Spektrum

Gedruckt auf säurefreiem und chlorfrei gebleichtem Papier

Springer Spektrum ist Teil von Springer Nature
Die eingetragene Gesellschaft ist Springer Fachmedien Wiesbaden GmbH

Vorwort

Die vorliegende Arbeit wurde in der Zeit von Mai 2014 bis September 2014 unter der Leitung von Herrn Prof. Dr. Jens Christoffers am Institut für Chemie der Carl von Ossietzky Universität Oldenburg angefertigt.

An dieser Stelle danke ich Herrn Prof. Dr. Jens Christoffers für die Möglichkeit, diese Arbeit unter seiner Anleitung zu einer sehr interessanten und abwechslungsreichen Themenstellung anfertigen zu dürfen. Ich danke ihm für sein Vertrauen, die mir gewährte Freiheit bei der Gestaltung meiner Arbeit und die ausgezeichnete, stets freundliche und persönliche Betreuung.

Herrn Prof. Dr. Rüdiger Beckhaus danke ich für die freundliche Übernahme des zweiten Gutachtens.

Ebenso bedanke ich mich bei der gesamten analytischen Abteilung der Universität Oldenburg.

Allen derzeitigen und ehemaligen Kollegen im Arbeitskreis danke ich für die produktive und freundschaftliche Arbeitsatmosphäre. Ein ganz besonderer Dank geht dabei an meine Kollegen Birger Ruddigkeit und Verena Böttner für die schönen gemeinsamen Stunden im Labor und die Ablenkungen außerhalb des Labors.

Mein besonderer Dank gilt meiner Familie und meinen Freunden, die mich während meines Studiums immer unterstützt haben und jederzeit für mich da waren.

Irina Geibel

Inhaltsverzeichnis

Vorwort		V
Abbildungsverzeichnis		XI
Tabellenverzeichnis		XI
Abkürzungsverzeichnis		XIII
1.	**Einleitung**	**1**
1.1	Dicarbonylverbindungen in der Organischen Synthese	1
1.2	Vorarbeiten in der Arbeitsgruppe	4
1.2.1	Oxidationen	4
1.2.2	C-C-Bindungsknüpfungsreaktionen	6
2.	**Zielsetzung**	**9**
3.	**Durchführung**	**11**
3.1	Synthese der β-Oxoester **3**	11
3.2	Cerkatalysierte, oxidative C-C-Bindungsknüpfungsreaktionen	13
3.2.1	Optimierungsprozess	13
3.2.2	Synthese der 1,4-Diketone **13**	23
3.3	Anellierungsreaktionen der 1,4-Diketone **13a-c**	28
3.3.1	Umsetzung mit AcOH und Pyrrolidin	28
3.3.2	Umsetzung mit Natriumhydrid	29
3.3.3	Umsetzung mit KOtBu	32
4.	**Zusammenfassung**	**35**
5.	**Experimenteller Teil**	**39**
5.1	Analytik	39
5.2	Lösungsmittel	40

5.3   Arbeitstechnik   41

5.4   Versuchsvorschriften und spektroskopische Daten   42

5.4.1   Synthese der Ausgangsverbindungen   42

5.4.1.1 *N*-(Benzyloxycarbonyl)glycin **17**   42

5.4.1.2 *N*-(Benzyloxycarbonyl)glycinmethylester **18**   43

5.4.2   Synthese der β-Oxoester **3**   44

5.4.2.1 4-Oxotetrahydro-2*H*-thiopyran-3-carbonsäuremethylester **3d**   44

5.4.2.2 4-Oxopyrrolidin-1,3-dicarbonsäure-1-benzylester-3-methylester **3e** 45

5.4.2.3 4-Oxopiperidin-1,3-dicarbonsäure-1-benzylester-3-methylester **3f**   46

5.4.3   Cer-katalysierte Umsetzung des β-Oxoesters **3a** mit Enolether **12a** 48

5.4.3.1 2-Acetoxycyclopentanon-2-carbonsäureethylester **20a**   48

5.4.3.2 2-(2-Oxopropyl)cyclopentanon-2-carbonsäureethylester **13a**   49

5.4.3.3 2-Hydroxycyclopentanon-2-carbonsäureethylester **4a**   50

5.4.4   Cer-katalysierte Umsetzung des β-Oxoesters **3b** mit Enolether **12a** 51

5.4.4.1 2-Chlorcyclohexanon-2-carbonsäureethylester **21**   51

5.4.4.2 2-Hydroxycyclohexanon-2-carbonsäureethylester **4b**   52

5.4.4.3 2-(2-Oxopropyl)cyclohexanon-2-carbonsäureethylester **13b**   53

5.4.5   Cer-katalysierte Umsetzung des β-Oxoesters **3c** mit Enolether **12a** 54

5.4.5.1 2-Hydroxycycloheptanon-2-carbonsäuremethylester **4c**   54

5.4.5.2 2-(2-Oxopropyl)cycloheptanon-2-carbonsäuremethylester **13c**   55

5.4.5.3 2-Acetoxycycloheptanon-2-carbonsäuremethylester **20c**   56

5.4.6   Cer-katalysierte Umsetzung des β-Oxoesters **3f** mit Enolether **12a** 57

5.4.6.1 *N*-Benzyloxycarbonyl-*N*-formyl-β-alanin-2,2,2-trifluorethylester **22** 57

5.4.6.2 3-Chlor-4-oxopiperidin-1,3-dicarbonsäure-1-benzylester-3-methylester **23** 58

5.4.7   Cer-katalysierte Umsetzung des β-Diketons **3h** mit Enolether **12a** 59

5.4.7.1 2-Acetyl-2-hydroxycyclohexanon **4h**   59

5.4.8   Anellierungsreaktionen des 1,4-Diketons **13b**   61

5.4.8.1   1,4,5,6,7,7a-Hexahydro-inden-2-on-4-carbonsäureethylester **25b**   62

5.4.8.2   3,3a,4,5,6,7-Hexahydro-inden-2-on-3a-carbonsäureethylester **14b**   63

5.4.8.3   1,4,5,6,7,7a-Hexahydro-inden-2-on **33b**   64

5.4.9   Anellierungsreaktionen des 1,4-Diketons **13c**   65

5.4.9.1   4,5,6,7,8,8a-Hexahydro-1*H*-azulen-2-on-4-carbonsäuremethylester **25c**   66

5.4.9.2   3a,4,5,6,7,8-Hexahydro-3*H*-azulen-2-on-1-carbonsäuremethylester **26c**   67

5.4.9.3   3a,4,5,6,7,8-Hexahydro-3*H*-azulen-2-on-3a-carbonsäuremethylester **14c** 68

5.4.9.4   4,5,6,7,8,8a-Hexahydro-1*H*-azulen-2-on **33c**   69

Liste der dargestellten Verbindungen   **71**

Literaturverzeichnis   **73**

Abbildungsverzeichnis

Abbildung 1: Zeitlicher Verlauf der Produktbildung von **4a**, **13a** und **20a**
unter Verwendung von HFIP bei 40°C   18

Abbildung 2: Exemplarisches Gaschromatogramm (Eintrag 6, Tabelle 1);
Edukt **3a** zeigt zwei Signale (Enol- und Keto-Tautomer)   19

Abbildung 3: Zeitlicher Verlauf der Produktbildung von **4a**, **13a** und **20a**
unter Verwendung von TFE bei 40°C   19

Tabellenverzeichnis

Tabelle 1: Optimierung der Reaktionsparameter   15

Tabelle 2: Isolierte Ausbeuten aus der Reaktion des β-Oxoesters **3a** mit
Isopropenylacetat **12a**   21

Tabelle 3: Bedingungen für den Ringschluss mit AcOH und Pyrrolidin   28

Tabelle 4: Synthese der Enone **25** und **26**   29

Tabelle 5: Synthese der Enone **14** und **33**   33

Abkürzungsverzeichnis

abs.	absolut
Ac	Acetyl
ber.	berechnet
br	breit
BTF	Benzotrifluorid
CAN	Cer(IV)-ammoniumnitrat
Cbz	Benzyloxycarbonyl
d	Dublett
δ	chemische Verschiebung
DC	Dünnschichtchromatographie
DCM	Dichlormethan
DEPT	Distortionless Enhancement by Polarization Transfer
DMSO	Dimethylsulfoxid
EE	Essigsäureethylester
EI	Elektronenstoßionisation
eq.	Stoffmengenäquivalent
ESI	Elektrosprayionisation
GC	Gaschromatographie
GC-MS	Gaschromatographie-Massenspektrometrie-Kopplung
gef.	gefunden
ges.	gesättigt
HFIP	1,1,1,3,3,3-Hexafluorisopropanol
HR-MS	Hochaufgelöste Massenspektrometrie
IR	Infrarotspektroskopie
ISTD	Interner Standard
J	Kopplungskonstante
kat.	katalytisch
konz.	konzentriert
λ^{-1}	Wellenzahl

LM	Lösungsmittel
L_n	Ligand (Anzahl n)
m	Multiplett (NMR), medium (IR)
m/z	Masse / Ladungszahl
MS	Massenspektrometrie
MTBE	*tert*-Butylmethylether
pent	Pentett (NMR)
q	Quartett (NMR)
R	Rest
R_f	Ratio of Fronts
s	Singulett (NMR), strong (IR)
Smp.	Schmelzpunkt
t	Triplett (NMR), Zeit
T	Temperatur
TFA	Trifluoressigsäure
TFE	2,2,2-Trifluorethanol
THF	Tetrahydrofuran
vs	very strong (IR)
w	weak (IR)
xs.	Überschuss

1. Einleitung

1.1 Dicarbonylverbindungen in der Organischen Synthese

Die Knüpfung von C-C-Bindungen gehört zu den zentralen Transformationen in der synthetischen organischen Chemie. Ein attraktives Ziel stellt u. a. die unter ökologischen und ökonomischen Gesichtspunkten günstige Synthese von 1,4-Dicarbonylverbindungen dar, da diese vielseitige Ausgangsmaterialien für die Präparation zahlreicher heterocyclischer Struktureinheiten wie Furan-,[1] Pyrrol-[2] oder Thiophen-Derivate[3] darstellen.

Im Gegensatz zu 1,3-Dicarbonylverbindungen, die mittels Blaise-,[4] Claisen-[5] oder Dieckmann-Reaktion,[6] und 1,5-Dicarbonylverbindungen, die durch Michael-Reaktion[7] zugänglich sind, ist die Darstellung von 1,4-Dicarbonylverbindungen präparativ aufwändiger. Klassischerweise werden 1,4-Dicarbonylverbindungen durch die Umsetzung von α-halogenierten Carbonylverbindungen mit β-Oxoestern (Feist-Bénary-

[1] a) B. W. Greatrex, M. C. Kimber, D. K. Taylor, E. R. T. Tiekink, *J. Org. Chem.* **2003**, *68*, 4239–4246; b) H. S. P. Rao, S. Jothilingam, *J. Org. Chem.* **2003**, *68*, 5392–5394.

[2] a) G. E. Veitch, K. L. Bridgwood, K. Rands-Trevor, S. V. Ley, *Synlett* **2008**, 2597–2600; b) G. Minetto, L. F. Raveglia, A. Sega, M. Taddei, *Eur. J. Org. Chem.* **2005**, 5277–5288; c) H. S. P. Rao, S. Jothilingam, H. W. Scheeren, *Tetrahedron* **2004**, *60*, 1625–1630; d) V. Amarnath, D. C. Anthony, K. Amarnath, W. M. Valentine, L. A. Wetterau, D. G. Graham, *J. Org. Chem.* **1991**, *56*, 6924–6931.

[3] a) G. Minetto, L. F. Raveglia, A. Sega, M. Taddei, *Eur. J. Org. Chem.* **2005**, 5277–5288; b) Z. Kaleta, B. T Makowski, T. Soos, R. Dembinski, *Org. Lett.* **2006**, *8*, 1625–1628; c) E. Campaigne, W. O. Foye, *J. Org. Chem.* **1952**, *17*, 1405–1412; d) C. Paal, *Ber. Dtsch. Chem. Ges.* **1885**, *18*, 367–371.

[4] a) H. S. P. Rao, S. Rafi, K. Padmavathi, *Tetrahedron* **2008**, *64*, 8037–8043; b) J. Cason, K. L. Rinehart, S. D. Thornton, *J. Org. Chem.* **1953**, *18*, 1594–1600; c) E. E. Blaise, *C. R. Hebd. Seances Acad. Sci.* **1901**, *132*, 987–990.

[5] a) D. Sharma, Bandna, A. K. Shil, B. Singh, P. Das, *Synlett* **2012**, 1199–1204; b) H. Nakatsuji, H. Nishikado, K. Ueno, Y. Tanabe, *Org. Lett.* **2009**, *11*, 4258–4261; c) G. Zhou, D. Lim, D. M. Coltart, *Org. Lett.* **2008**, *10*, 3809–3812; d) L. Claisen, O. Lowman, *Ber. Dtsch. Chem. Ges.* **1887**, *20*, 651–654.

[6] a) L. Kürti, B. Czakó, *Strategic Applications of Named Reactions in Organic Synthesis*, Elsevier Academic Press, Amsterdam, **2005**, 138–139; b) W. Dieckmann, *Ber. Dtsch. Chem. Ges.* **1894**, *27*, 102–103.

[7]. a) D. C. Chatfield, A. Augsten, C. D'Cunha, E. Lewandowska, S. F. Wnuk, *Eur. J. Org. Chem.* **2004**, 313–322; b) E. D. Bergmann, D. Ginsburg, R. Pappo, *Org. React.* **1959**, *10*, 179–563; c) A. Michael, *Am. Chem. J.* **1887**, 9, 112–115.

Synthese von Furanderivaten)[8] hergestellt. Moderne Methoden bedienen sich der Umpolung[9] von Aldehyden, so z. B. der Stetter-Reaktion. Es handelt sich dabei um die konjugierte Addition eines Aldehydes an eine α,β-ungesättigte Carbonylverbindung, die durch Cyanidionen oder Thiazoliumsalze (Stetter-Reagens) katalysiert wird.[10] Dieser vereinfachte Zugang zu 1,4-Diketonen hat die Synthese vieler Naturstoffe wie Roseophilin[11] oder (+)-Monomorin I[12] erleichtert. So entwickelte Galopin[13] die kurze Synthese von (±)-trans-Sabinen-Hydrat **1** (Schema 1), einem wichtigen Bestandteil vieler ätherischer Öle.[14]

Den Schlüsselschritt stellt die Synthese des 2-Isopropyl-2-cyclopentenons **2** aus einfachen Ausgangsverbindungen dar. Anfangs wurde die Nazarov-Cyclisierung eines Dienonsubstrates zur Synthese dieser Verbindung angestrebt, jedoch blieb der Erfolg trotz zahlreicher versuchter Reaktionsbedingungen aus.[13] Die Sequenz aus Stetter-Reaktion und intramolekularer Aldolkondensation konnte dagegen erfolgreich implementiert werden.

[8]   a) M. A. Calter, C. Zhu, *Org. Lett.* **2002**, *4*, 205–208; b) F. Stauffer, R. Neier, *Org. Lett.* **2000**, *2*, 3535–3537; c) W. Anxin, W. Mingyi, G. Yonghong, P. Xinfu, *J. Chem. Res. (S)* **1998**, 136–137; d) F. Feist, *Chem. Ber.* **1902**, *35*, 1545–1556.

[9]   G. Wittig, P. Davis, G. Koenig, *Chem. Ber.* **1951**, *84*, 627–631.

[10] a) Z.-Q. Rong, Y. Li, G.-Q. Yang, S.-L. You, *Synlett* **2011**, 1033–1037; b) A. Aupoix, G. Vo-Thanh, *Synlett* **2009**, 1915–1920; c) H. Stetter, H. Kuhlmann, *Org. React.* **1991**, *40*, 407–496; d) H. Stetter, M. Schreckenberg, *Angew. Chem.* **1973**, *85*, 89–89.

[11] P. E. Harrington, M. A. Tius, *J. Am. Chem. Soc.* **2001**, *123*, 8509–8514.

[12] S. Randl, S. Blechert, *J. Org. Chem.* **2003**, *68*, 8879–8882.

[13] C. C. Galopin, *Tetrahedron Lett.* **2001**, *42*, 5589–5591.

[14] a) D. Karasawa, S. Shimizu, *Agric. Biol. Chem.* **1978**, *42*, 433–437; b) B. M. Lawrence, *Perf. Flav.* **1993**, *18*, 67; c) R. Oberdieck, *Z. Naturforsch. B* **1981**, *B36*, 23–29.

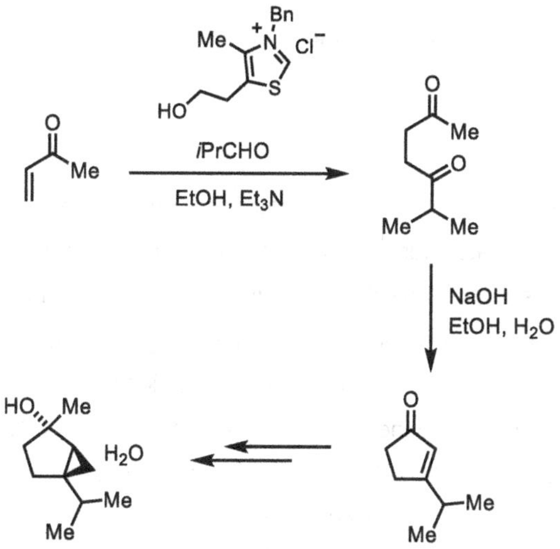

Schema 1. Synthese von (±)-*trans*-Sabinen-Hydrat **1** nach Galopin.[13]

Insbesondere in der chemischen Industrie spielt die Atomökonomie eine wichtige Rolle, denn Reaktionen, die mit einer hohen Atomeffizienz ablaufen, liefern weniger oder gar keine Nebenprodukte, sodass die Abtrennung und Entsorgung vereinfacht oder gar überflüssig werden.[15] Auch spielt die Vermeidung des Gebrauchs von toxischen Chemikalien neben dem Energiemanagement eine wichtige Rolle. Da das Stetter-Reagens, auch wenn es in katalytischen Mengen verwendet wird, vergleichsweise teuer ist und die Katalysatorrückgewinnung aufwändig ist, sind neue Wege zur Präparation von 1,4-Diketonen sehr erstrebenswert. Die vorliegende Arbeit möchte hier ansetzen und neue Anwendungen des ökologisch unbedenklichen Seltenerdmetallsalzes CeCl₃ · 7 H₂O als Katalysator mit Sauerstoff als Oxidationsmittel bei der 1,4-Diketonsynthese aufzeigen und so einen Beitrag zur Weiterentwicklung auf diesem Gebiet leisten.

---

[13] C. C. Galopin, *Tetrahedron Lett.* **2001**, *42*, 5589–5591.
[15] B. M. Trost, *Science* **1991**, *254*, 1471–1477.

1.2 Vorarbeiten in der Arbeitsgruppe

1.2.1 Oxidationen

Cer(III)-chlorid Heptahydrat wurde von Christoffers und Werner als preiswerter und nicht-toxischer Katalysator für die α-Oxidation von β-Dicarbonylverbindungen **3** entdeckt.[16] Da Luftsauerstoff als Oxidationsmittel und Isopropanol als Lösungsmittel fungieren und die Reaktion bei Raumtemperatur durchgeführt wird, ist sie unter ökologischen und ökonomischen Gesichtspunkten als ideal einzustufen. Zahlreiche β-Dicarbonylverbindungen können selektiv oxidiert werden. Während acyclische Vertreter mit Ausbeuten von 30–50% reagieren, lassen sich cyclische Verbindungen mit bis zu quantitativer Ausbeute umsetzen (Schema 2).

$$
\underset{\textbf{3}}{\overset{O \quad\quad O}{R \overset{|}{\underset{R'}{\bigwedge}} R''}}
\xrightarrow[\substack{\text{iPrOH, 23°C, 16 h}}]{\substack{O_2 \text{ (Luft)} \\ 5 \text{ mol\% CeCl}_3 \cdot 7 \text{ H}_2O}}
\underset{\textbf{4}}{\overset{O \quad\quad O}{R \overset{|}{\underset{R' \quad OH}{\bigwedge}} R''}}
$$

cyclische Produkte: 50-99%
acyclische Produkte: 30-50%

Schema 2. Cerkatalysierte α-Oxidation von β-Dicarbonylverbindungen **3**.

Das Potential des Verfahrens konnte bei der Synthese des optisch aktiven Naturstoffes (*R*)-(–)-Kjellmanianon nach Christoffers *et al.*[16c] aus dem Jahr 2004 und bei den Totalsynthesen von Gmelinol nach Pohmakotr *et al.*[17] aus dem Jahr 2005 und (±)-Stemonamin nach Tu *et al.*[18] aus dem Jahr 2008 verdeutlicht werden.

[16] a) J. Christoffers, T. Werner, *Synlett* **2002**, 119–121; b) J. Christoffers, T. Werner, S. Unger, W. Frey, *Eur. J. Org. Chem.* **2003**, 425–431; c) J. Christoffers, T. Werner, W. Frey, A. Baro, *Chem. Eur. J.* **2004**, *10*, 1042–1045.

[17] M. Pohmakotr, A. Pinsa, T. Mophuang, P. Tuchinda, S. Prabpai, P. Kongsaeree, V. Reutrakul, *J. Org. Chem.* **2006**, *71*, 386–387.

[18] Y.-M. Zhao, P. Gu, Y.-Q. Tu, C.-A. Fan, Q. Zhang, *Org. Lett.* **2008**, *10*, 1763–1766.

Der detaillierte Mechanismus dieser α-Hydroxylierung ist unbekannt. Lange Zeit wurde vermutet, dass Wasser als Nucleophil eine Schlüsselrolle bei der α-Hydroxylierungs-reaktion spiele. Isotopenmarkierungsexperimente mit $^{18}OH_2$ und $^{18}O_2$ konnten dies jedoch widerlegen.[19] Der postulierte Mechanismus mit Sauerstoff als Quelle der Hydroxyfunktion basiert auf einem Ce(III)-Ce(IV)-Redoxsystem unter Beteiligung von β-Diketonatoliganden (Schema 3).

$$2\,H^+ \; + \; 2\,Ce^{III} \; + \; {}^1\!/_2\,O_2 \longrightarrow H_2O \; + \; 2\,Ce^{IV} \qquad (1)$$

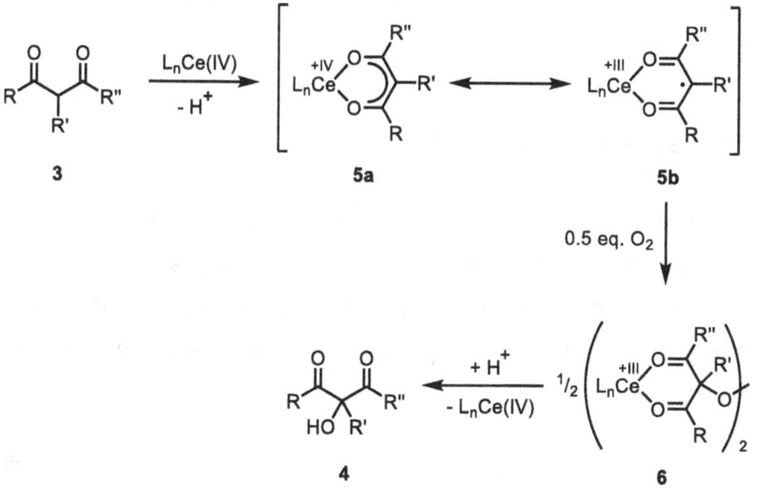

Schema 3. Vorgeschlagener Mechanismus der Luftoxidation.[19]

Aus mechanistischer Sicht wird vermutet, dass Ce(III) durch Luftsauerstoff *in situ* zu Ce(IV) oxidiert wird. Entsprechend Gl. (1) in Schema 3 benötigen 2 eq. Ce(III) 1 eq. von ½ O₂.[20] Diese Oxidation wird durch die Koordination der Diketonatoliganden

[19] M. Rössle, J. Christoffers, *Tetrahedron* **2009**, *65*, 10941–10944.
[20] T. Werner, Dissertation, Universität Stuttgart, **2004**.

ermöglicht, da unter neutralen, nicht koordinierenden Bedingungen das Redoxpotential von Luftsauerstoff nicht ausreicht, um Ce(III) zu Ce(IV) zu oxidieren. Weiterhin wird

vermutet, dass Ce(IV) die β-Dicarbonylverbindung **3** oxidiert und so den Ce(III)-Komplex **5b** mit einem ungepaarten Elektron in der α-Position erzeugt. Davon ausgehend könnte eine Art Peroxoverbindung, wie z. B. das Dimer in Formel **6**, gebildet werden, die 2 eq. des Ce(III) unter Bildung von 2 eq. des α-hydroxylierten Produktes **4** reoxidiert.[21] Formal handelt es sich bei der Reaktion um eine Umpolungsreaktion, unklar bleibt die Rolle der Peroxo-Spezies und ob das Cer an diese koordiniert.

1.2.2 C-C-Bindungsknüpfungsreaktionen

Die Annahme der cerkatalysierten Bildung eines α-Radikals führte zur Untersuchung möglicher Radikalabfangreaktionen, so z. B. der Umsetzung der β-Dicarbonylverbindungen in Anwesenheit von Alkenen. Wurde Styrol zur Reaktionsmischung hinzugegeben, so konnten die 1,2-Dioxanderivate **9** in guten Ausbeuten isoliert werden (Schema 4).

Schema 4. Cerkatalysierte, oxidative C-C-Bindungsknüpfung.

Die Reaktion verläuft über das Hydroperoxid **8**, das im Gleichgewicht mit den thermodynamisch stabileren, cyclischen Endoperoxid **9** steht, die meist in Form kristalliner Feststoffe als Diastereomerengemische anfallen. In der Folge wurde eine

[21] a) S. T. Staben, X. Linghu, F. D. Toste, *J. Am. Chem. Soc.* **2006**, *128*, 12658–12659; b) E. Mete, R. Altundas, H. Secen, M. Balc, *Turk. J. Chem.* **2003**, *27*, 145–154; c) B. Greatrex, M. Jevric, M. C. Kimber, S. J. Krivickas, D. K. Taylor, E. R. T. Tiekink, *Synthesis* **2003**, 668–672; d) S. J. Blanksby, G. B. Ellison, V. M. Bierbaum, S. Kato, *J. Am. Chem. Soc.* **2002**, *124*, 3196–3197; e) N. Kornblum, H. E. De La Mare, *J. Am. Chem. Soc.* **1951**, *73*, 880–881.

Transformation der 1,2-Dioxane **9** nach dem Kornblum-De La Mare-Protokoll[21] mit

Pyridin und Acetylchlorid in DCM zu den 1,4-Dicarbonylverbindungen **11** durchgeführt

(Schema 5).

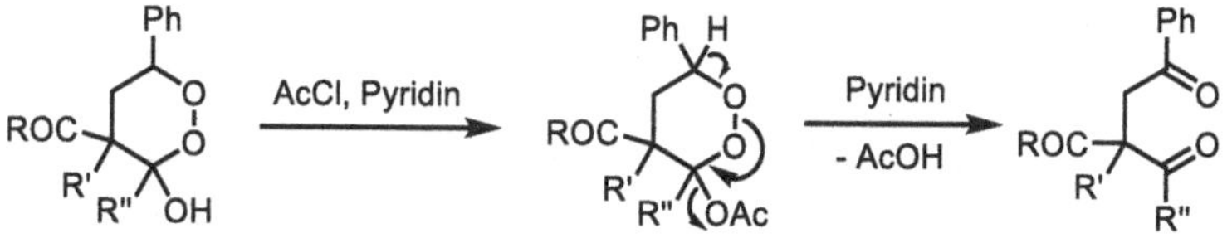

Schema 5. Kornblum-De La Mare-Fragmentierung cyclischer Endoperoxide **9**.

Zur Optimierung der Ausbeuten und Minimierung des präparativen Aufwandes wurde in der Folge eine sequentielle Eintopfsynthese entwickelt, die auf die Isolierung der Endoperoxide **9** verzichtete. Auf diese Weise konnten mehrere cyclische 1,4-Dicarbonylverbindungen **11** mit Ausbeuten bis zu 87% synthetisiert werden, wobei sich sowohl Fünf-, Sechs- und Siebenring-β-dicarbonylverbindungen, als auch Lactone und Lactame oxidativ mit Styrol kuppeln ließen.[20] Die Übertragung der Reaktionsbedingungen auf Umsetzungen mit anderen Alkenen, so z. B. mit Isopropenylacetat **12a** mit dem Vorteil, dass eine Abgangsgruppe (hier OAc) bereits vorgebildet ist, führte nicht selektiv zu den gewünschten 1,4-Diketonen **13** (Schema 6).

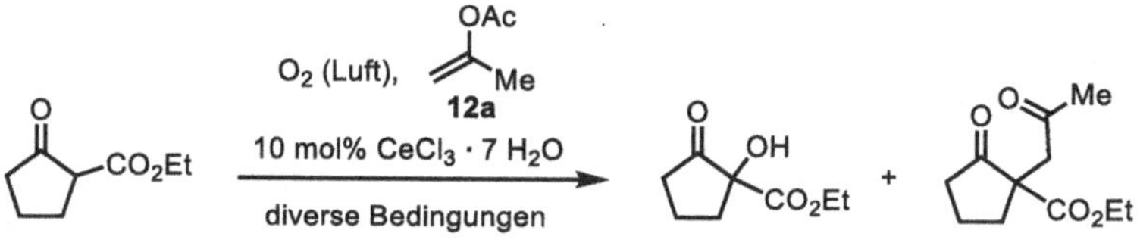

Schema 6. Umsetzung von β-Oxoester **3a** mit Isopropenylacetat **12a**.

---

[20] T. Werner, Dissertation, Universität Stuttgart, **2004**.

Für Enolether **12a** wurde stets ein sehr schlecht trennbares Gemisch aus größtenteils Acyloin **4a** und in geringem Maße 1,4-Diketon **13a** erhalten. Nachdem unter diversen Reaktionsbedingungen die Selektivität in GC-kontrollierten Ansätzen nicht wesentlich gesteigert werden konnte, wurden alle weiteren Versuche zunächst eingestellt.[22]

[22] M. Rössle, Dissertation, Universität Oldenburg, **2008**.

2. Zielsetzung

Die vorliegende Arbeit verfolgte vorrangig zwei Ziele: Synthese von 1,4-Diketonen ausgehend von β-Dicarbonylverbindungen und Enolethern und Anwendung der Produkte als Ausgangsverbindungen in Anellierungsreaktionen.

Das erste Ziel beinhaltete die Weiterentwicklung der cerkatalysierten, oxidativen C-C-Bindungsknüpfungsreaktionen. Nach Optimierung der Parameter für die Umsetzung des Fünfring-β-Oxoesters **3a** mit Isopropenylacetat **12a** (Schema 6) sollten diese Reaktionsbedingungen auf weitere β-Dicarbonylverbindungen **3** übertragen werden, wobei die Ringgröße und –substitution verändert werden sollte. Es sollten fünf-, sechs- und siebengliedrige Ringe in der Reaktion eingesetzt werden, die wahlweise die oft natürlich vorkommenden Heteroatome Stickstoff und Schwefel enthalten, um eine potentielle Bioaktivität in die Strukturen einzubringen und um die Anwendbarkeit der optimierten cerkatalysierten 1,4-Diketonsynthese zu überprüfen (Schema 7).

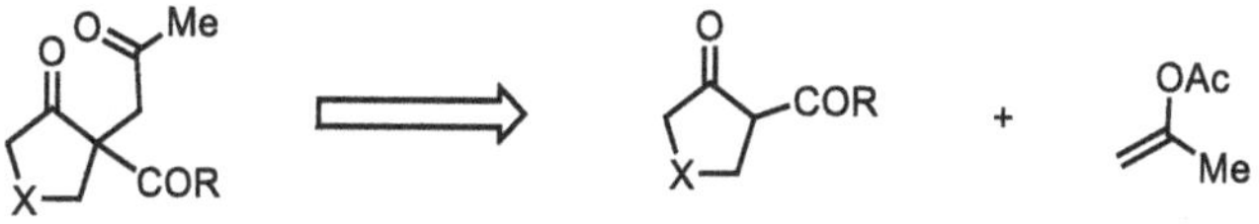

13
R = Me, OMe oder OEt

3a-c, X = $(CH_2)_n$, n = 1,2,3
3d, X = CH_2S
3e, X = N(Cbz)
3f, X = CH_2N(Cbz)

12a

Schema 7. Retrosynthese zur Darstellung der 1,4-Diketone **13**.

Im zweiten Teil der Arbeit war geplant, die 1,4-Diketone **13** in einer intramolekularen Aldol-Kondensation einzusetzen und gezielt die anellierten bicyclischen Enone **14** zu synthetisieren (Schema 8). Da der Ringschluss über die unterschiedlichen möglichen Enolate eintreten könnte, war hier von Interesse, ob und wie die Wahl der Reaktionsbedingungen Einfluss auf die Regioselektivität nähme.

14
R = Me, OMe oder OEt

13a-c, X = $(CH_2)_n$, n = 1,2,3
13d,   X = CH_2S
13e,   X = N(Cbz)
13f,   X = CH_2N(Cbz)

Schema 8. Retrosynthese zur Darstellung der anellierten Bicyclen **14**.

3. Durchführung

3.1 Synthese der β-Oxoester 3

Die Synthese des β-Oxoesters **3d** mit einem Schwefelatom im Sechsring erfolgte anhand einer literaturbekannten Vorschrift mittels einer Dieckmann-Kondensation (Schema 9).[23] Der käuflich erwerbbare Diester **15** wurde dazu mit Natriummethanolat in einem Gemisch aus THF und Et$_2$O über Nacht bei 23°C gerührt. Nach saurer Aufarbeitung konnte der Tetrahydrothiopyran-β-oxoester **3d** ohne weitere Reinigung in einer Ausbeute von 81% erhalten werden.

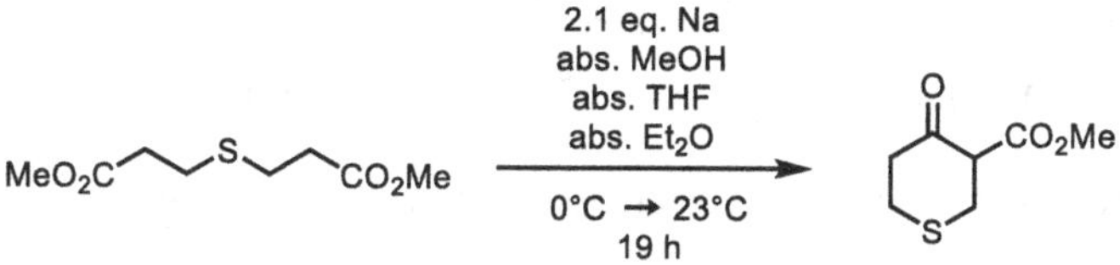

Schema 9. Synthese des Tetrahydrothiopyran-β-oxoesters **3d**.

Der Cbz-geschützte β-Oxoester **3e** wurde nach einer im Arbeitskreis bekannten Vorschrift[24] synthetisiert. Ausgangspunkt war das Glycin **16**, dessen Aminfunktion in einem ersten Schritt in quantitativer Ausbeute Cbz-geschützt wurde. Nach der Veresterung der Säurefunktion mittels Thionylchlorid, ebenfalls in quantitativer Ausbeute, wurde das Carbamat **18** mit KO*t*Bu deprotoniert. Eine Aza-Michael-Addition

[23] a) D. E. Wale, M. A. Rasheed, H. M. Gillis, G. E. Beye, V. Jheengut, G. T. Achonduh, *Synthesis* **2007**, 1584–1586; b) D. E. Ward, M. Sales, C. C. Man, J. Shen, P. K. Sasmal, C. Guo, *J. Org. Chem.* **2002**, *67*, 1618–1629.
[24] M. Penning, J. Christoffers, *Eur. J. Org. Chem.* **2014**, 389–400.

mit nachfolgender Dieckmann-Kondensation mit Methylacrylat ergab das Produkt **3e** nach säulenchromatographischer Reinigung in einer Ausbeute von 61% (Schema 10).

$$H_2N \diagup CO_2H \xrightarrow[\text{0°C, 1 h}]{\substack{\text{1.2 eq. CbzCl} \\ \text{NaOH, H}_2\text{O}}} CbzHN \diagup CO_2H$$

16   **17, quant.**

$$\Bigg\downarrow \substack{\text{1.4 eq. SOCl}_2 \\ \text{MeOH} \\ \text{0°C, 2 h}}$$

$$\underset{\substack{\text{Cbz} \\ \textbf{3e, 61\%}}}{\overset{O}{\diagdown}} \xleftarrow[\substack{\text{THF} \\ \text{0°C} \rightarrow 23°\text{C} \\ \text{3 d}}]{\substack{\text{1.0 eq.} \diagup CO_2Me \\ \text{1.1 eq. KO}t\text{Bu}}} CbzHN \diagup CO_2Me$$

18, quant.

Schema 10. Darstellung des carbamatgeschützten β-Oxoesters **3e**.

Zur Darstellung des carbamatgeschützten Piperidons **3f** wurde das Hydrochlorid **19** durch die Base Triethylamin deprotoniert. Das frei gewordene Amin konnte dann mit Cbz-Chlorid zum Carbamat **3f** reagieren, das nach säulenchromatographischer Reinigung in einer Ausbeute von 68% isoliert wurde (Schema 11).[25]

$$\underset{\textbf{19}}{\overset{O}{\diagdown}} \xrightarrow[\substack{\text{CH}_2\text{Cl}_2 \\ \text{0°C} \rightarrow 23°\text{C} \\ \text{17 h}}]{\substack{\text{1.1 eq. CbzCl} \\ \text{2.0 eq. Et}_3\text{N}}} \underset{\textbf{3f, 68\%}}{\overset{O}{\diagdown}}$$

Schema 11. Darstellung des carbamatgeschützten β-Oxoesters **3f**.

[25] D. S. Dodd, A. C. Oehlschlager, *J. Org. Chem.* **1992**, *57*, 2794–2803.

3.2 Cerkatalysierte, oxidative C-C-Bindungsknüpfungsreaktionen

3.2.1 Optimierungsprozess

Trotz der Entwicklung eines optimierten Verfahrens für die cerkatalysierte Synthese von 1,4-Diketonen **13** ausgehend von einer Vielzahl verschiedener β-Dicarbonylverbindungen **3** mit Styrol als Alken und Luftsauerstoff als Oxidationsmittel in Gegenwart von 10 mol% $CeCl_3 \cdot 7\ H_2O$ durch Herrn Rössle, konnte bei dem Versuch, diese optimierten Reaktionsbedingungen auf die Reaktion des β-Oxoesters **3a** mit Isopropenylacetat **12a** anzuwenden, das gewünschte 1,4-Diketon **13a** nicht als Hauptprodukt gewonnen werden. Es entstand ein schwer auftrennbares Gemisch aus α-Hydroxyprodukt **4a** sowie in geringem Maße dem 1,4-Diketon **13a** (Schema 12).[22] Im Rahmen dieser Arbeit konnte unter Anwendung bestimmter Reaktionsparameter zusätzlich das α-Acetoxyprodukt **20a** isoliert und identifiziert werden, das durch Acetylierung von **4a** entstand und weder in den Vorarbeiten noch in der Literatur beschrieben worden war.

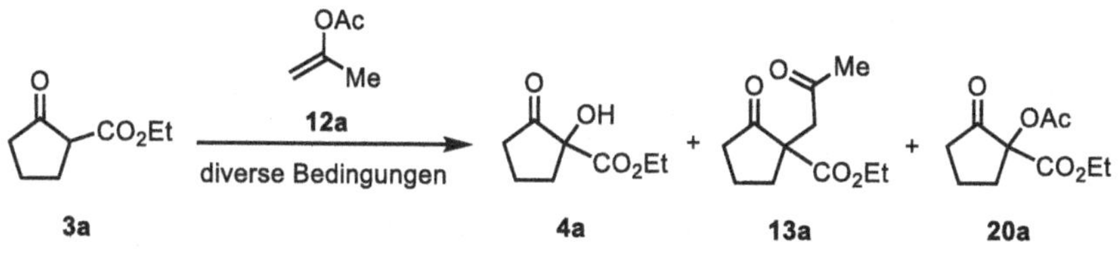

Schema 12. Übersicht isolierter Produkte aus der Reaktion des β-Oxoesters **3a** mit Isopropenylacetat **12a**.

Die erste Aufgabe bestand darin, die Reaktionsbedingungen mittels GC-kontrollierter Ansätze für die in Schema 12 dargestellte Reaktion so zu variieren, dass die Ausbeute

---

[22] M. Rössle, Dissertation, Universität Oldenburg, **2008**.

an **13a** optimiert und die Entstehung von **4a** und **20a** unterdrückt würde, denn aufgrund von sehr ähnlichen Polaritäten wird die chromatographische Trennung der Produkte stark erschwert. Um die Ergebnisse besser miteinander vergleichen zu können, wurde Mesitylen als interner Standard (die Fläche im Gaschromatogramm wird auf 100% gesetzt) verwendet, die angegebenen relativen Mengen (in %) der Produkte **4a**, **13a** und **20a** in Tabelle 1 beziehen sich auf diesen. Auch ist zu jedem Eintrag das Verhältnis von 1,4-Diketon **13a** zu der Summe aus dem Acyloin **4a** und dem Acetoxyprodukt **20a** angegeben (γ).

Tabelle 1. Optimierung der Reaktionsparameter (Teil 1).

Eintrag	$CeCl_3 \cdot 7\ H_2O$ in mol%	LM	T / °C	t / h	4a[1] / %	13a[1] / %	20a[1] / %	γ[2]
1	10	iPrOH	20	18	46	5	0	0.1
2	10	HFIP	20	18	32	1	1	0.1
3	10	HFIP	60	18	6	11	24	0.4
4	10	HFIP	40	8	1	25	20	1.2
5	10	TFE	20	8	47	5	0	0.1
6	10	TFE	40	8	12	33	5	1.9
7	10	TFE	60	8	11	19	6	1.2
8	20	TFE	40	18	18	30	4	1.3
9	5	TFE	40	8	13	39	2	2.6
10	2.5	TFE	40	8	14	36	1	2.5
11	5	TFE	30	8	22	38	0	1.7
12	5	TFE	50	8	10	32	4	2.3
13	5	TFE	50	24	6	33	5	3.2
14	5	AcOH	50	8	23	15	0	0.7
15	5	TFE[3]	50	8	14	31	3	1.9

[1] GC-„Ausbeuten", normiert auf Mesitylen als ISTD. [2] γ = [13a] / ([4a] + [20a]). [3] Additiv: 5 Vol% AcOH.

Tabelle 1. Optimierung der Reaktionsparameter (Teil 2).

Eintrag	CeCl$_3$ · 7 H$_2$O in mol%	LM	T / °C	t / h	4a[1] / %	13a[1] / %	20a[1] / %	γ[2]
16	5	TFE[3]	50	8	18	18	3	0.8
17	5	TFE[4]	50	8	18	18	0	1.0
18	5	Aceton	50	8	6	7	0	1.1
19	5	Toluol	50	8	–[5]	–	–	–
20	5	Fluorbenzol	50	24	–[5]	–	–	–
21	5	BTF	50	24	–[5]	–	–	–
22	5	2-Ethoxyethanol	50	8	41	9	0	0.2
23[6]	5	TFE	50	8	10	32	2	2.5
24[7]	5	TFE	50	8	13	9	1	0.6
25	5	TFE[8]	50	8	12	23	4	1.5
26	5	TFE[9]	50	8	17	11	0	0.6
27[10]	5	TFE	50	24	8	30	1	3.4
28[11]	5	TFE	50	8	7	20	2	2.3
29	5[12]	TFE	50	24	7	24	0	3.3
30	7[13]	TFE	50	8	21	7	0	0.3

[1] GC-„Ausbeuten", normiert auf Mesitylen als ISTD. [2] γ = [13a] / ([4a] + [20a]). [3] Additiv: 2.5 mol% Na$_2$CO$_3$. [4] Additiv: 5 Vol% TFA. [5] Kein Umsatz. [6] Luftsauerstoff halbiert: 0.5 atm Luft und 0.5 atm N$_2$. [7] Stickstoffatmosphäre mit geringem Sauerstoffanteil. [8] Wenig LM. [9] Viel LM. [10] Geänderte Stöchiometrie: 2.0 eq. 12a. [11] Geänderte Stöchiometrie: 20 eq. 12a. [12] Als Katalysator wurde CAN verwendet. [13] Als Katalysator wurde Ce(OAc)$_3$ · x H$_2$O verwendet.

Bei Anwendung der bekannten Reaktionsbedingungen (1.0 eq. **3a**, 5.0 eq. **12a**, 5 mol% CeCl$_3$ · 7 H$_2$O in *i*PrOH für 18 h bei 20°C), Eintrag 1, wurde analog zu Rössle die Bildung des α-Hydroxyprodukts **4a** (46%) sowie geringfügig die Bildung des 1,4-Diketons **13a** beobachtet.

Fluorierte Alkohole wie 1,1,1,3,3,3-Hexafluorisopropanol (HFIP) sowie 2,2,2-Trifluorethanol (TFE) haben sich in den letzten Jahren als geeignete Lösungsmittel für zahlreiche Oxidationsreaktionen etabliert.[26] Eine wichtiger Vorteil hierfür ist die hohe Sauerstofflöslichkeit in fluorierten Lösungsmitteln.[26d] Der elektronenziehende Charakter der CF$_3$-Gruppen verleiht dem Wasserstoffatom der Hydroxy-Gruppe eine hohe Acidität mit pK_a-Werten von 12.4 für TFE und 9.3 für HFIP.[27] Des Weiteren handelt es sich bei beiden um sehr polare Lösungsmittel und sie ermöglichen durch Wasserstoffbrückenbindungen eine gute Solvatisierung.[28] Fluorierte Alkohole würden sich von den nicht-fluorierten Alkoholen dadurch merklich unterscheiden, dass sie keine Nucleophile und keine Akzeptoren von Wasserstoffbindungen seien.[29]

Zunächst wurde im Laufe der Versuchsdurchführung das Lösungsmittel HFIP (0.5 l / mol Edukt) geprüft. Es zeigte sich, dass bei 20°C wiederholt das Hydroxyprodukt **4a** (Eintrag 2) bevorzugt wurde. Bei 60°C überwog das Acetoxyprodukt **20a** (Eintrag 3). Dieses wurde unter diesen Reaktionsbedingungen (Eintrag 1, Tabelle 2) erstmals isoliert und charakterisiert und konnte im Gaschromatogramm zugeordnet werden. Bei 40°C (Eintrag 4) konnte eine deutlich erhöhte GC-„Ausbeute" an dem 1,4-Diketon **13a** (25%) festgestellt werden. Der zeitliche Verlauf der Produktbildung lässt sich der Abbildung 1 entnehmen. Das gewünschte 1,4-Diketon **13a** wurde kontinuierlich gebildet, fand bei 8 h sein Maximum und blieb anschließend nahezu konstant (nach 24 h). Analog dazu verhielt sich auch die anfängliche Verlaufsform von **4a**, die

[26] a) K. S. Ravikumar, Y. M. Zhang, J. P. Bégué, D. Bonnet-Delpon, *Eur. J. Org. Chem.* **1998**, 2937–2940; b) V. Kasavan, D. Bonnet-Delpon, J. P. Bégué, *Synthesis* **2000**, 223–225; c) S. Khaksar, S. M. Talesh, *J. Fluorine Chem.* **2012**, *140*, 95–98; J. P. Bégué, D. Bonnet-Delpon, B. Crousse, *Synlett* **2004**, 18–29.
[27] L. Eberson, M. P. Hartshorn, O. Persson, *J. Chem. Soc., Perkin Trans. 2* **1995**, 1735–1744.
[28] W. J. Middleton, R. V. Lindsey Jr., *J. Am. Chem. Soc.* **1964**, *86*, 4948–4952.
[29] a) F. L. Schadt, T. W. Bentley, P. v. R. Schleyer, *J. Am. Chem. Soc.* **1976**, *98*, 7667–7675; b) N. J. Leonard, A. Neelima, *Tetrahedron Lett.* **1995**, *36*, 7833–7836.

bei 2 h ihr Maximum durchlief und im Folgenden steil abfiel, während die Kurve des Folgeproduktes aus **4a**, des Acetoxyproduktes **20a**, ab 2 h nahezu linear anstieg und bei 8 h ihr Maximum fand.

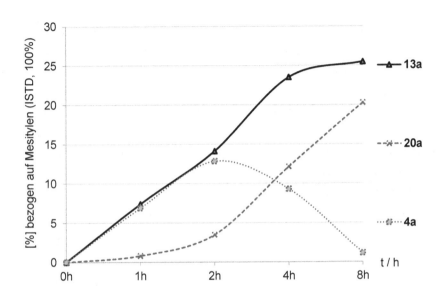

Abbildung 1. Zeitlicher Verlauf der Produktbildung von **4a**, **13a** und **20a** unter Verwendung von HFIP bei 40°C.

Da HFIP ein relativ teures Lösungsmittel ist, wurde getestet, ob TFE (0.5 l /mol Edukt) ähnliche oder sogar bessere Ergebnisse liefern würde. Auch hier wurde bei 20°C das Hydroxyprodukt **3a** im Überschuss vorgefunden (Eintrag 5), bei 40°C zeigte sich jedoch eine verbesserte GC-„Ausbeute" an **13a** im Vergleich zu HFIP mit 33% bei gleichzeitiger Abnahme der Bildung der beiden Nebenprodukte (Eintrag 6). Die Abbildung 2 zeigt hierzu exemplarisch das Gaschromatogramm und die Abbildung 3 den zeitabhängigen Verlauf der Produktbildung.

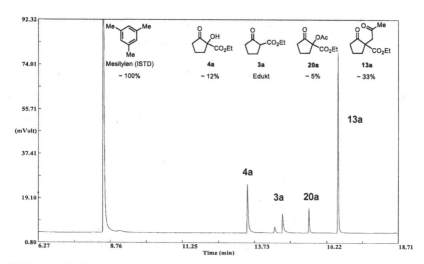

Abbildung 2. Exemplarisches Gaschromatogramm (Eintrag 6, Tabelle 1); Edukt **3a** zeigt zwei Signale (Enol- und Keto-Tautomer).

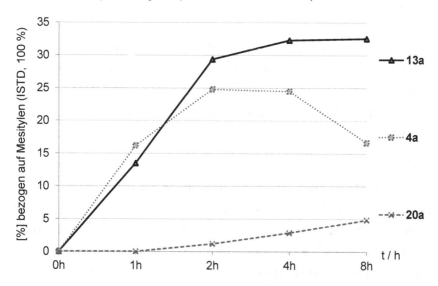

Abbildung 3. Zeitlicher Verlauf der Produktbildung von **4a**, **13a** und **20a** unter Verwendung von TFE bei 40°C.

Bei 60°C ließ sich jedoch eine Abnahme der Menge an **13a** beobachten bei gleichzeitig annähernd gleichbleibender Menge an **4a** und **20a** (Eintrag 7).

Bei Verwendung von TFE als Lösungsmittel bei 40°C wurde in der Folge die Katalysatorkonzentration variiert: 20 mol%, 5 mol% und 2.5 mol%. Es zeigte sich, dass die doppelte Katalysatormenge (Eintrag 8) zu einer vergleichbaren Menge an **13a** führte bei gleichzeitiger Zunahme an **4a**, sodass sich der Quotient γ von 1.9 (Eintrag 6) auf 1.2 verschlechterte. Die halbe (Eintrag 9) und die geviertelte Katalysatorkonzentration (Eintrag 10) führten jedoch zu einer bis dahin optimierten GC-„Ausbeute" an **13a** von 36–39% bezüglich des ISTD und ebenso zu einem verbesserten Verhältnis von ~2.6 von 1,4-Diketon zu den Nebenprodukten. Aufgrund der geringen Ansatzgrößen müssten bei 2.5 mol% $CeCl_3 \cdot 7\ H_2O$ sehr geringe Katalysatormengen abgewogen werden, was sich als schwierig herausstellte, sodass in folgenden Versuchen die Konzentration von 5 mol% verwendet wurde, obwohl die katalytische Menge erheblich reduziert werden könnte.

Als nächstes wurde versucht, die Reaktionstemperatur weiter zu optimieren, hierzu wurden die Ansätze bei 30°C (Eintrag 11) und 50°C (Einträge 12 und 13) gerührt. Wie zu erwarten war, wurde bei der verringerten Temperatur wieder mehr α-Hydroxyprodukt **4a** gebildet, eine Bildung des Acetoxyproduktes konnte hingegen nicht festgestellt werden.

Bei einer Erhöhung der Reaktionstemperatur auf 50°C verringerte sich geringfügig die Ausbeute an **13a** bei gleichzeitig starker Abnahme an den Nebenprodukten **4a** und **20a**, sodass nach 24 h ein verbesserter Quotient γ von 3.2 zu beobachten war (im Vergleich zu 40°C: ~2.6, Eintrag 9), sodass in den künftigen Ansätzen die Temperatur von 50°C verwendet wurde. Unter diesen Reaktionsbedingungen (Eintrag 2) wurde die Ausbeute präparativ bestimmt (Tabelle 2).

Tabelle 2. Isolierte Ausbeuten aus der Reaktion des β-Oxoesters **3a** mit Isopropenyl-acetat **12a**.

Eintrag	Bedingungen	Ausbeute		
		4a	**13a**	**20a**
1	5.0 eq. **12a**, 10 mol% CeCl$_3$ · 7 H$_2$O, HFIP, 60°C, 18 h	9%	22%	22%
2	5.0 eq. **12a**, 5 mol% CeCl$_3$ · 7 H$_2$O, TFE, 50°C, 24 h	0%	53%	3%

Der Einsatz von Essigsäure (protisch, polar) als Lösungsmittel (Eintrag 14) sowie als Additiv (5 Vol%, Eintrag 15) zeigten keine verbesserte GC-„Ausbeute" an **13a**, ebenso konnte diese nicht durch die Verwendung von TFA (5 Vol%, Eintrag 16) oder Na$_2$CO$_3$ (2.5 mol%, Eintrag 17) als Zusätze gesteigert werden. Bei dem Versuch, die Reaktion in Aceton (aprotisch, polar) durchzuführen (Eintrag 18), sanken die Ausbeuten aller drei Produkte auf 0–7% ab. Bei Verwendung von Toluol (aprotisch, unpolar), Fluorbenzol und Benzotrifluorid (BTF) (aprotisch, polar) konnten keine Umsätze beobachtet werden (Einträge 19-21). Die Reaktion in 2-Ethoxyethanol führte zu der in hohem Maße bevorzugten Bildung des Acyloins **4a** (Eintrag 22).

Die Halbierung der Sauerstoffmenge (Eintrag 23) brachte ebenfalls keine bessere Ausbeute an **13a** hervor, die Ergebnisse entsprechen denen des Eintrags 12 (1 atm Luft). Wird die Reaktion hingegen unter Stickstoffatmosphäre mit sehr geringem Sauerstoffgehalt durchgeführt (Eintrag 24), so lässt sich ein starker Abfall in den Ausbeuten (1–13%) beobachten mit einer Bevorzugung des Acyloins.

Auch bei dem Einsatz des Lösungsmittels TFE im Überschuss (3.5 l / mol Edukt) bzw.
Unterschuss (0.35 l / mol Edukt) konnte keine weitere Optimierung beobachtet werden
(Einträge 25 und 26), ebenfalls nicht bei der Änderung der Stöchiometrie. Wurden 20 eq.
statt 5.0 eq. Isopropenylacetat **12a** verwendet, so wurde die GC-„Ausbeute" an **13a**
beinahe halbiert auf 20% (Eintrag 28). Auch tauchten weitere Banden für
Nebenprodukte im Gaschromatogramm auf. Dagegen führte die Reduzierung auf
2.0 eq. Isopropenylacetat **12a** (Eintrag 27) zu keiner signifikanten Verschlechterung
der GC-„Ausbeute" an **13a**, das Verhältnis γ wurde sogar von 3.2 (Eintrag 13) auf 3.4
optimiert.

Zuletzt wurden zwei weitere Cer-Verbindungen als Katalysatoren getestet: Das häufig
in der organischen Chemie als Oxidationsmittel verwendete Cer(IV)-ammoniumnitrat
(CAN, Eintrag 29) sowie Cer(III)acetat Hydrat (Eintrag 30). Die Verwendung von CAN
brachte zwar das sehr gute Verhältnis γ von 3.3 zum Vorschein, jedoch wurde die GC-
„Ausbeute" an **13a** auf 24% reduziert. Cer(III)acetat-Hydrat hatte sich ebenfalls nicht
bewährt, da es die Bildung des Acyloins **4a** bevorzugte (21%) bei gleichzeitiger Senkung
der Ausbeute an **13a** auf 7%. An dieser Stelle wurden weitere Optimierungsschritte
aufgegeben.

Während zu Beginn des Optimierungsprozesses mit *i*PrOH als Lösungsmittel bei 20°C
nur Spuren des Wunschproduktes **13a** beobachtet wurden, konnte durch den Wechsel
auf HFIP bei 60°C die isolierte Ausbeute auf 22% gesteigert werden (Tabelle 2). Durch
den Wechsel des Lösungsmittels auf das kostengünstigere TFE konnte die Ausbeute
an **13a** auf 53% gesteigert werden bei gleichzeitiger Abnahme der Entstehung der
Nebenprodukte **4a** (von 9% auf 0%) und **20a** (von 22% auf 3%). Es besteht die Option,
bei größeren Ansätzen die Katalysatormenge auf 2.5 mol% $CeCl_3 \cdot 7 H_2O$ und die
Alkenmenge (Isopropenylacetat **12a**) auf 2.0 eq. zu reduzieren.

3.2.2 Synthese der 1,4-Diketone 13

Es wurde der Versuch unternommen, die unter Kapitel 3.2.1 optimierten Reaktions-bedingungen auf die Reaktionen weiterer β-Dicarbonylverbindungen **3** mit Isopro-penylacetat **12a** zu übertragen.

Die cerkatalysierte Synthese des 1,4-Diketons **13b** verlief deutlich schlechter als die Synthese von **13a**. Ausgehend vom Sechsring-β-oxoester **3b** konnte eine Ausbeute von 27% erreicht werden (Schema 13). Außerdem konnten das Acyloin **4b** mit 26% sowie das α-chlorierte Produkt **21** mit 11% Ausbeute isoliert werden, die bereits Werner bei den cerkatalysierten Reaktionen beobachten konnte.[16b] Die Bildung eines α-Acetoxyproduktes wurde hier nicht beobachtet.

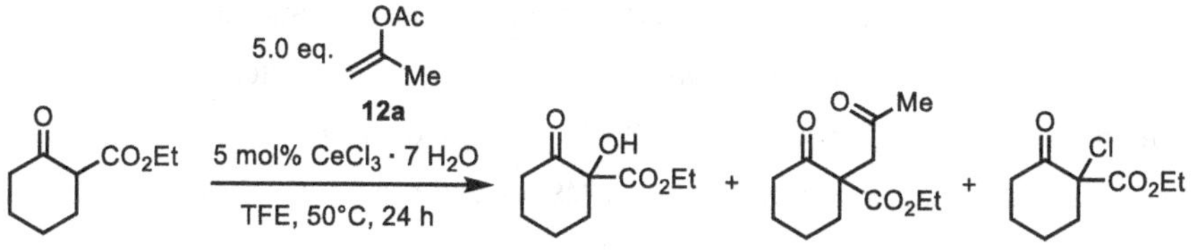

Schema 13. Übersicht isolierter Produkte aus der Reaktion des β-Oxoesters **3b** mit Isopropenylacetat **12a**.

Unter analogen Reaktionsbedingungen wurde auch der Siebenring-β-oxoester **3c** mit Isopropenylacetat **12a** umgesetzt (Schema 14). Als Hauptprodukt mit 56% Ausbeute wurde hier jedoch das Acyloin **4c** erhalten, die isolierte Ausbeute an dem acetylierten Produkt **20c**, das bisher literaturunbekannt war, betrug nur 3%. Das 1,4-Diketon **13c** wurde mit einer Ausbeute von 27% isoliert.

[16b] J. Christoffers, T. Werner, S. Unger, W. Frey, *Eur. J. Org. Chem.* **2003**, 425–431.

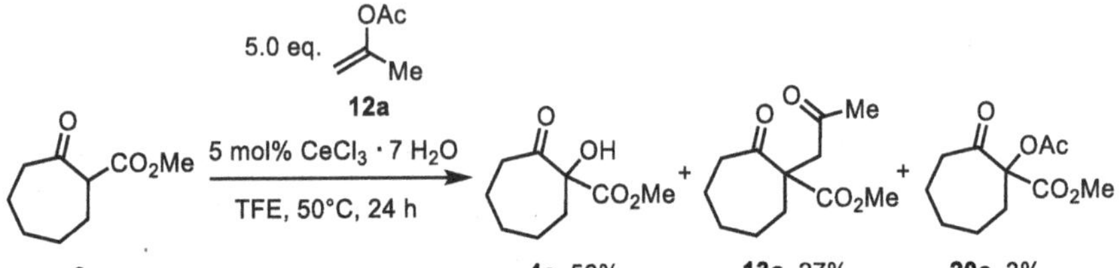

3c 4c, 56% 13c, 27% 20c, 3%

Schema 14. Übersicht isolierter Produkte aus der Reaktion des β-Oxoesters **3c** mit Isopropenylacetat **12a**.

Bei der Umsetzung des Tetrahydrothiopyran-β-oxoesters **3d** mit Isopropenylacetat **12a** konnten keine Produkte isoliert werden (Schema 15). Als erste Fraktion wurde nach 24 h Reaktionszeit das Edukt **3d** mit 80% Ausbeute reisoliert, als zweite Fraktion wurde ein Produktgemisch isoliert, das vermutlich aus den Sulfoxid-, α-Hydroxy-sulfoxid- sowie Sulfonsäure-Derivaten des Eduktes **3d** besteht. Dies wurde interpretiert aus Daten des ^{1}H-NMR-Spektrums, in dem sechs Methyl-Singulett-Signale zu sehen waren, sowie IR- und GCMS-Messungen (m/z = 206 [M + 2 · 16]).

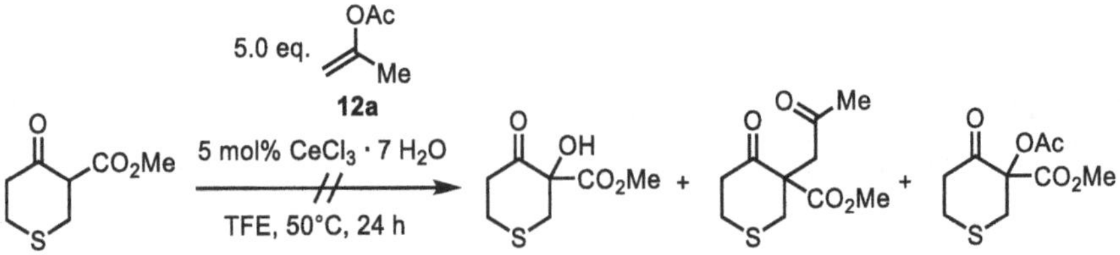

3d 4d 13d 20d

Schema 15. Reaktion des β-Oxoesters **3b** mit Isopropenylacetat **12a**.

Auch die Umsetzung des β-Oxoesters **3e** erwies sich nicht als zielführend. Es konnte lediglich das Edukt **3e** mit 92% Ausbeute reisoliert werden (Schema 16).

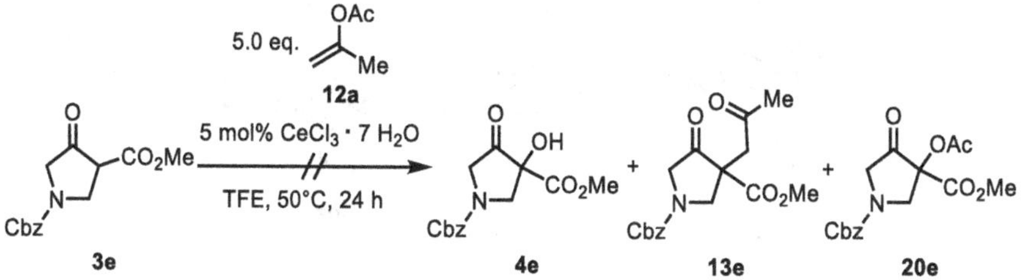

Schema 16. Reaktion des β-Oxoesters **3e** mit Isopropenylacetat **12a**.

Bei der Reaktion des Carbamats **3f** mit Isopropenylacetat **12a** konnten die erwarteten Produkte **4f**, **13f** und **20f** ebenfalls nicht isoliert werden. Stattdessen wurden nach säulenchromatographischer Reinigung das Edukt **3f** in 18%, das carbamatgeschützte Formamid **22** in 10% und das α-chlorierte Carbamat **23** in 7% Ausbeute erhalten (Schema 16).

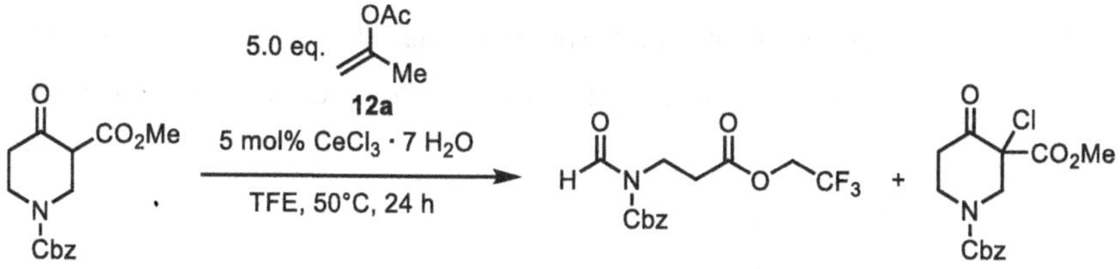

Schema 16. Reaktion des β-Oxoesters **3f** mit Isopropenylacetat **12a**.

Der Mechanismus zur Bildung des Formamids **22** ist unklar. Der erste Schritt beinhaltete wahrscheinlich die Bildung des β-Alanin-2,2,2-trifluorethylester-Restes durch den nucleophilen Angriff des Lösungsmittels 2,2,2-Trifluorethanol auf das Kohlenstoffatom der Ketogruppe des Eduktes **3f**, gefolgt von Öffnung des Ringes (Schema 17).

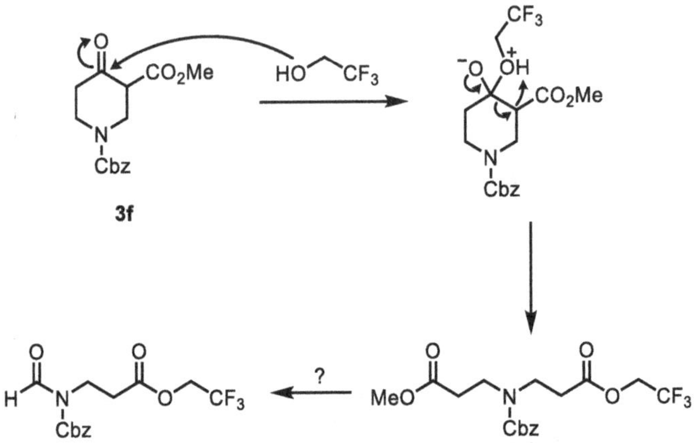

3f

22

Schema 17. Mechanistische Betrachtung zur Entstehung des Formamids **22**.

Zusätzlich wurden die Reaktionsbedingungen auf die β-Diketone **3g** und **3h** angewandt. Bei beiden Reaktionen entstand eine große Vielfalt an schwer zu isolierenden Produkten. Lediglich die Verbindung **4h** konnte in 24% Ausbeute isoliert werden (Schema 18).

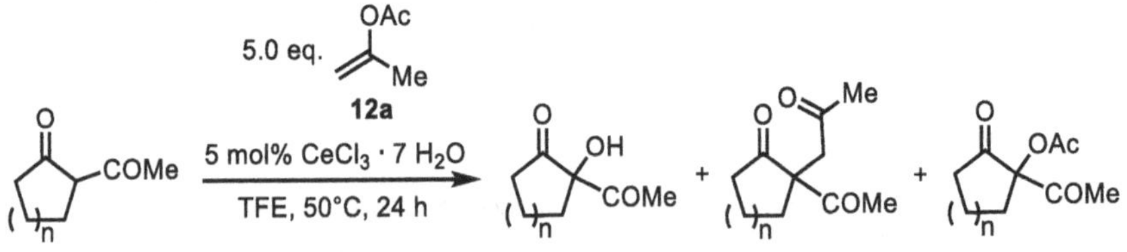

3g, n = 1
3h, n = 2

4g, 0%
4h, 24%

13g, 0%
13h, 0%

20g, 0%
20h, 0%

Schema 18. Reaktionen der β-Dicarbonylverbindungen **3g** und **3h** mit Isopropenylacetat **12a**.

Auch der Versuch der Umsetzung des acyclischen Acetessigsäurethylesters **3i** mit Isopropenylacetat **12a** war nicht zielführend (Schema 19). Aus den zahlreichen

Produkten, die bei der Reaktion entstanden waren, konnte keines in reiner Form isoliert werden.

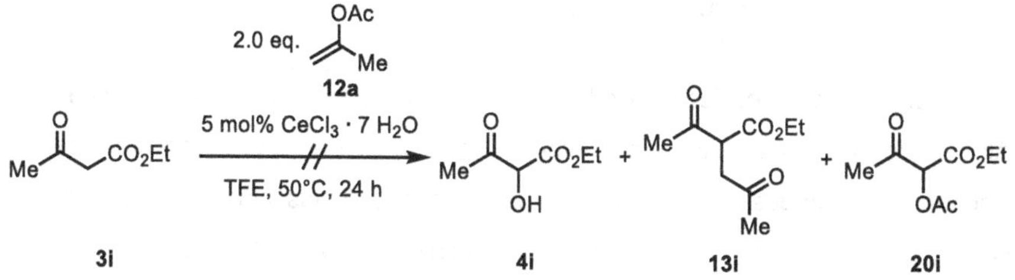

Schema 19. Reaktionen des acyclischen β-Oxoesters **3i** mit Isopropenylacetat **12a**.

Abschließend wurde der Versuch unternommen, weitere Enolether mit dem β-Oxo-ester **3a** umzusetzen. Es sollten Vinylacetat **12b** und Ethylvinylether **12c** verwendet werden, um 1,4-Diketone herzustellen, die eine terminale Aldehydfunktion aufweisen (Schema 20). Auf die säulenchromatographische Reinigung wurde bei beiden Ansätzen verzichtet, da sowohl GC als auch DC eine so große Produktvielfalt offenbarten, dass die Isolierung eines der Produkte nicht möglich wäre. Das gewünschte 1,4-Diketon konnte im ^{1}H-NMR-Spektrum des Produktgemisches nicht identifiziert werden.

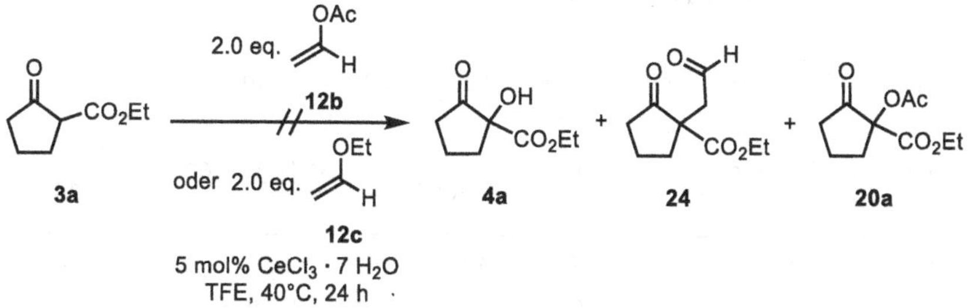

Schema 20. Reaktionen des β-Oxoesters **3a** mit den Enolethern **12b** und **12c**.

3.3   Anellierungsreaktionen der 1,4-Diketone 13a–c

3.3.1   Umsetzung mit AcOH und Pyrrolidin

Die erfolgreich synthetisierten 1,4-Diketone **13a–c** sollten in einer intramolekularen Aldol-Kondensationsreaktion eingesetzt und gezielt zu den anellierten bicyclischen Enonen **14a–c** umgesetzt werden (Schema 8). Analoge Ringschlüsse sind im Arbeitskreis Christoffers bereits mit 1,5-Diketonen durchgeführt worden,[30] sodass zunächst versucht wurde, die Reaktionsbedingungen dieser analogen Reaktionen auf die Edukte **13a–c** anzuwenden. Die für 1,5-Dicarbonylverbindungen erfolgreich verwendeten Reaktionsbedingungen führten bei den eingesetzten 1,4-Diketonen **13** zu keinem Umsatz. Bei allen Ansätzen wurden die Edukte **13** quantitativ reisoliert.

13a-c, n = 1-3   **14a-c**, n = 1-3

Schema 21. Versuche zur Synthese der Bicyclen **14**. Die Reaktionsbedingungen sind Tabelle 3 zu entnehmen.

Tabelle 3. Bedingungen für den Ringschluss mit AcOH und Pyrrolidin.

Eintrag	1,4-Diketon	n	R	AcOH, Pyrrolidin	Bedingungen	Ausbeute 14
1	**13a**	1	Et	1.0 eq.	EE, 28°C, 6 d	–
2	**13a**	1	Et	1.0 eq.	CH_2Cl_2, 28°C, 6 d	–
3	**13b**	2	Et	1.0 eq.	CH_2Cl_2, 28°C, 6 d	–
4	**13b**	2	Et	0.4 eq.	DMSO, 28°C, 3 d	–
5	**13c**	3	Me	1.0 eq.	CH_2Cl_2, 30°C, 6 d	–

[30] a) M. Bender, Masterarbeit, Universität Oldenburg, **2011**; b) C. L. Diedrich, Dissertation, Universität Oldenburg, **2008**; c) J. Christoffers, J. Sluiter, J. Schmidt, *Synthesis* **2011**, 895–900.

3.3.2 Umsetzung mit Natriumhydrid

Corey und Ghosh berichteten 1987 über erfolgreich durchgeführte Aldolkonden-
sationen mit den 1,4-Diketonen **13a** und **13b** unter Verwendung von NaH in abs.
Toluol.[31] Die 1,4-Dicarbonylverbindungen **13a–c** wurden daher unter Stickstoffatmosphäre zu einer gerührten Suspension von NaH (60%ig in Mineralöl) in abs. Toluol
gegeben und etwa 18 h unter Rückfluss gerührt. Nach Extraktion mit MTBE und
säulenchromatographischer Reinigung sollten die bicyclischen Enone **14a–c** erhalten
werden. Diese Beobachtung konnte nicht geteilt werden. Während im Fall des
Fünfrings **13a** kein Produkt isoliert werden konnte, vermutlich aufgrund der Rings-
pannung, entstand bei der Reaktion des Diketons **13b** selektiv der anellierte Bicyclus
25b in 85%iger Ausbeute. Im Fall des Siebenrings **13c** konnten die Bicyclen **25c** (33%)
und **26c** (35%) isoliert werden (Schema 22).

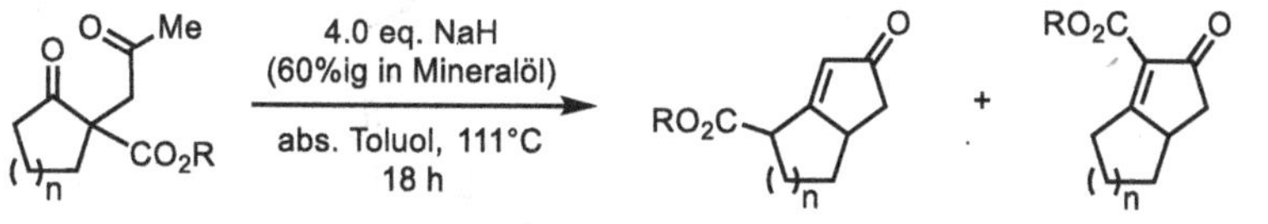

13a-c, n = 1-3   **25a-c**, n = 1-3   **26a-c**, n = 1-3

Schema 22. Synthese der bicyclischen Enone **25** und **26**. Die Ausbeuten sind der
Tabelle 4 zu entnehmen.

Tabelle 4. Synthese der Enone **25** und **26**.

Eintrag	1,4-Diketon	n	R	Ausbeute 25	Ausbeute 26
1	**13a**	1	Et	0%	0%
2	**13b**	2	Et	85%	0%
3	**13c**	3	Me	33%	35%

[31] E. J. Corey, A. K. Ghosh, *Tetrahedron Lett.* **1987**, *28*, 175–178.

Mechanistisch betrachtet geht die Bildung des Regioisomers **25** auf eine der Anellierungsreaktion vorangestellte Retro-Dieckmann-Dieckmann-Reaktion zurück, die zu einer Isomerisierung der Edukte **13b** und **13c** führte. Eine solche Isomerisierung lässt sich auch in der Literatur[32] finden: So beschrieben Sisido *et al.* unter Verwendung von Natriummethanolat in abs. Ethanol die Isomerisierung von 2-Methyl-cyclopentanon-2-carbonsäureethylester zu 2-Methylcyclopentanon-5-carbonsäure-ethylester.[32a] Es scheint, dass sich unter den gegebenen Reaktionsbedingungen zu einem geringen Teil Alkohole bzw. Alkoholat-Anionen bilden. Diese bedingen die Retro-Dieckmann-Dieckmann-Reaktion wie sie im Schema 23 am Beispiel des 1,4-Diketons **13b** dargestellt ist. Es entsteht das Regioisomer **28**, das als Ausgangs-verbindung zur Bildung des Enons **25b** fungiert.

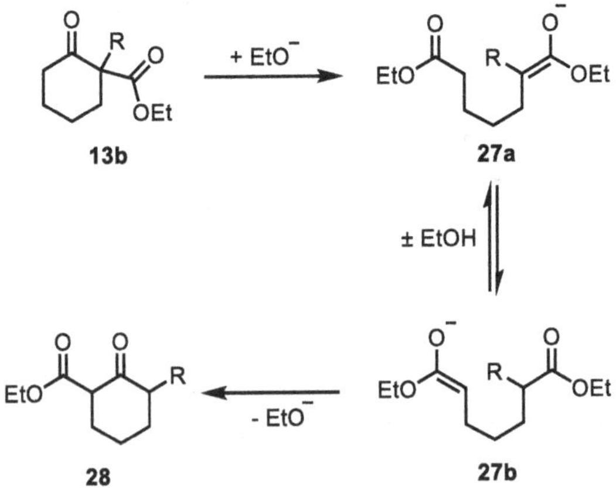

Schema 23. Retro-Dieckmann-Dieckmann-Reaktion am Beispiel des β-Oxoesters **13b**. Bildung des Regioisomers **28**.

Anschließend findet die basenkatalysierte, intramolekulare Aldolkondensation statt. Durch eine starke Base, z. B. NaH, wird ein acides Wasserstoffatom der endständigen Methylgruppe (α-Position zur Carbonylgruppe des Oxopropyl-Restes) deprotoniert,

[32] a) K. Sisido, K. Utimoto, T. Isida, *J. Org. Chem.* **1964**, *29*, 2781–2782; b) D. K. Banerjee, S. N. Mahapatra, Tetrahedron **1960**, *11*, 234–240.

sodass ein mesomeriestabilisiertes Enolat **29** entsteht. Das nucleophile Enolat **29** greift anschließend die Carbonylgruppe des Cyclohexanons an und es bildet sich ein Enolat **30a**, das in Gleichgewicht zum Enolat **30b** steht. Es kommt zur Eliminierung der Hydroxygruppe (E1$_{cb}$). Es bildet sich eine C=C-Doppelbindung aus und das Enon **25b** entsteht (Schema 24). Die Bildung des Azulenons **25c** findet ebenfalls nach Retro-Dieckmann-Dieckmann-Reaktion und anschließender intramolekularen Aldolkondensation statt.

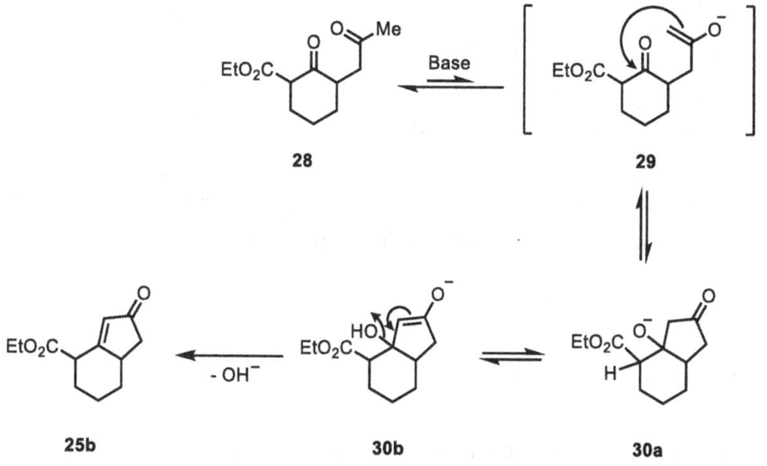

Schema 24. Basenkatalysierte, intramolekulare Aldolkondensation am Beispiel der Bildung des Indenons **25b**.

Für die Darstellung des Enons **26c** findet im ersten Schritt vermutlich eine intramolekulare Wanderung der Estergruppe an das endständige Methylkohlenstoffatom des Oxopropyl-Restes statt. Nach der basenkatalysierten Deprotonierung bildet sich das Enolat **31**, das als Nucleophil das Carbonylkohlenstoffatom der Estergruppe angreift. Der entstandene β-Oxoester **32a** weist zwei acide Wasserstoffatome auf, wird deprotoniert und es entsteht das Enol **32b** (Schema 25). Dieses durchläuft analog zu Schema 24 eine knoevenagelartige, intramolekulare Aldolkondensation.

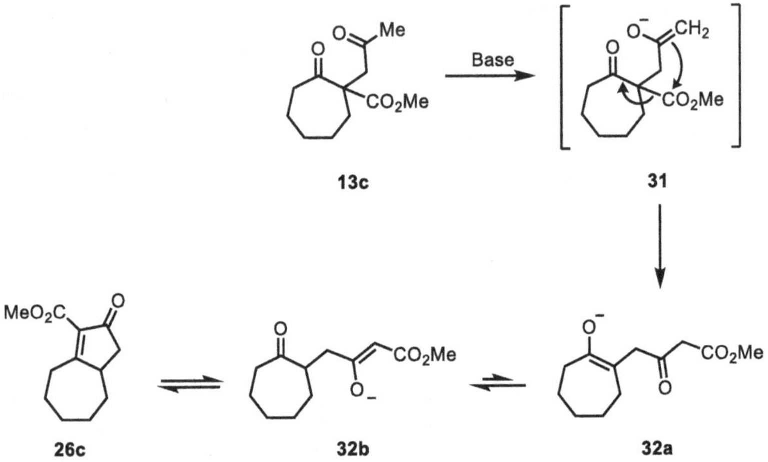

13c   **31**

26c   **32b**   **32a**

Schema 25. Intramolekulare Wanderung der Estergruppe der Verbindung **13c** auf das Methylkohlenstoffatom des Oxopropyl-Restes.

3.3.3 Umsetzung mit KOtBu

Die Synthese der Bicyclen **14** erfolgte nach einer literaturbekannten Vorschrift unter Stickstoffatmosphäre mit Kalium-*tert*-butanolat als Base in abs. DMSO.[33] Neben den Enonen **14** entstanden auch die Verbindungen **33** (Schema 26).

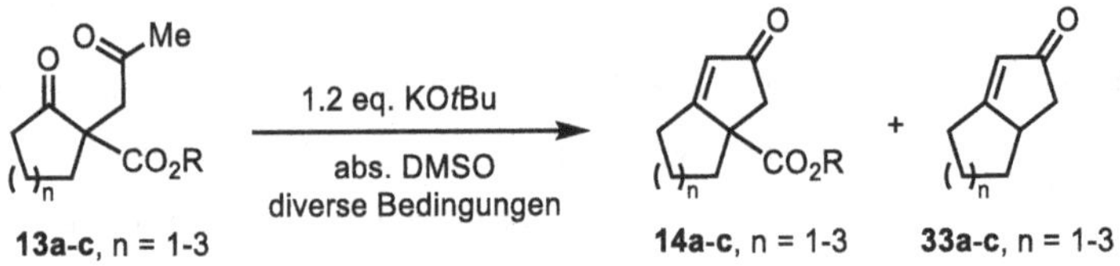

13a-c, n = 1-3   **14a-c**, n = 1-3   **33a-c**, n = 1-3

Schema 26. Synthese der bicyclischen Enone **14** und **33**. Die Reaktionsbedingungen und Ausbeuten sind der Tabelle 5 zu entnehmen.

[33] Z.-F. Xie, H. Suemune, K. Sakai, *J. Chem. Soc., Chem. Commun.* **1988**, 612–613.

Tabelle 5. Synthese der Enone **14** und **33**.

Eintrag	1,4-Diketon	n	R	Bedingungen	Ausbeute an 14	Ausbeute an 33
1	13a	1	Et	100°C, 20 h	Spuren	0%
2	13b	2	Et	28°C, 24 h	19%	20%
3	13b	2	Et	50°C, 20 h	34%	48%
4	13b	2	Et	100°C, 20 h	51%	8%
5	13b	2	Et	150°C, 21 h	6%	10%
6	13c	3	Me	100°C, 20 h	15%	4%
7	13c	3	Me	50°C, 22 h	13%	37%

Zunächst wurde die Reaktion entsprechend der Literaturvorschrift[33] mit dem 1,4-Diketon **13b** bei Raumtemperatur durchgeführt. Hierbei konnten beide Enone **14b** und **33b** isoliert werden (Eintrag 2). Da die Reaktion thermodynamisch getrieben ist, wurde im Rahmen dieser Arbeit eine Optimierung der Reaktionstemperatur durchgeführt. Es zeigte sich, dass die Ausbeute an **14b** bei 100°C mit 51% am höchsten war (Eintrag 4). Diese Reaktionsbedingungen wurden auf die Edukte **13a** und **13c** übertragen. Im ¹H-NMR der Reaktion von **13a** mit KO*t*Bu konnten nur Spuren des Wunschproduktes **14a** erkannt werden (Eintrag 1). Nach der Reaktion des Siebenrings **13c** wurde das Enon **14c** in einer Ausbeute von 15% und das Enon **33c** in einer Ausbeute von 4% isoliert (Eintrag 6). Anschließend wurde die Reaktionstemperatur auf 50°C reduziert, dabei war die Ausbeute an Azulenon **14c** mit 13% leicht geringer, jedoch wurde die Ausbeute des Enons **33c** auf 37% erhöht.

Mechanistisch betrachtet geht die Anellierung zu den Enonen **14** und **33** auf die in Schema 24 (Kapitel 3.3.2) aufgezeigte intramolekulare Aldolkondensation zurück. Im Falle der Verbindungen **33** fand jedoch simultan zur Anellierungsreaktion eine Esterverseifung und Decarboxylierung der Estergruppe durch Behandlung mit wässrigem Kaliumhydroxid in der Wärme statt.[34]

Die Regioisomere **14**, **25** und **26** konnten mit Hilfe von spektroskopischen Daten unterschieden werden. Einige signifikanten Unterschiede sollen anhand der Verbindungen **14c**, **25c** und **26c** erörtert werden:

Zuerst fällt im ^{1}H-NMR-Spektrum von **14c** und **25c** auf, dass sich ein olefinisches Proton bei δ = 5.98 ppm (**14c**) und δ = 5.85 ppm (**25c**) mit dem Integral von 1H befindet. Dieses fehlt in der Verbindung **26c**.

Im ^{13}C-NMR-Spektrum von aller drei Verbindungen finden sich acht sp^3- und vier sp^2-Kohlenstoffsignale wieder, das DEPT135-Spektrum von **25c** deutet jedoch darauf hin, dass vier CH- bzw. CH$_3$-Gruppen vorliegen, während bei **14c/26c** lediglich zwei CH- bzw. CH$_3$-Gruppen vorhanden sind.

4. Zusammenfassung

Im Rahmen dieser Arbeit sollte die Cer-katalysierte, oxidative Synthese von 1,4-Diketonen **13** ausgehend von β-Dicarbonylverbindungen **3** und Enolethern **12** untersucht werden. Zu Beginn wurde eine Optimierung der Reaktionsparameter für die Reaktion des β-Oxoesters **3a** mit Isopropenylacetat **12a** vorgenommen.

Ausgangspunkt war die Durchführung der Reaktion mit 5 eq. **12a**, in *i*PrOH als Lösungsmittel bei 23°C für 24 h unter Verwendung von 10 mol% CeCl$_3 \cdot$ 7 H$_2$O – hier wurde das α-Hydroxyprodukt **4a** als Hauptprodukt erhalten und das gewünschte Produkt **13a** lediglich in Spuren.

Nach dem Wechsel des Lösungsmittels auf HFIP sowie eine Erhöhung der Temperatur auf 60°C konnten die drei Produkte **4a** (9%), **13a** (22%) und **20a** (22%) isoliert und charakterisiert werden. Nach einem weiteren Wechsel des Lösungsmittels auf TFE wurden die aktuell optimalen Reaktionsbedingungen bei 50°C, 24 h Reaktionszeit und 5 mol% CeCl$_3 \cdot$ 7 H$_2$O gefunden. Die isolierten Ausbeuten betrugen 0% für das α-Hydroxyprodukt **4a**, 3% für das α-Acetoxyprodukt **20a** und 53% für das 1,4-Diketon **13a**. Es konnte weiterhin gezeigt werden, dass eine Reduktion des Katalysators auf 2.5 mol% sowie die Änderung der Stöchiometrie auf 2 eq. Isopropenylacetat **12a** möglich wären ohne signifikante Einbuße in der Ausbeute.

Diese Reaktionsbedingungen wurden auf weitere β-Dicarbonylverbindungen über-tragen. Nur die Umsetzung der Fünf-, Sechs- und Siebenring-β-oxoester **3a-3c** führte erfolgreich zur Bildung der gewünschten 1,4-Diketone **13a-13c** (Schema 27).

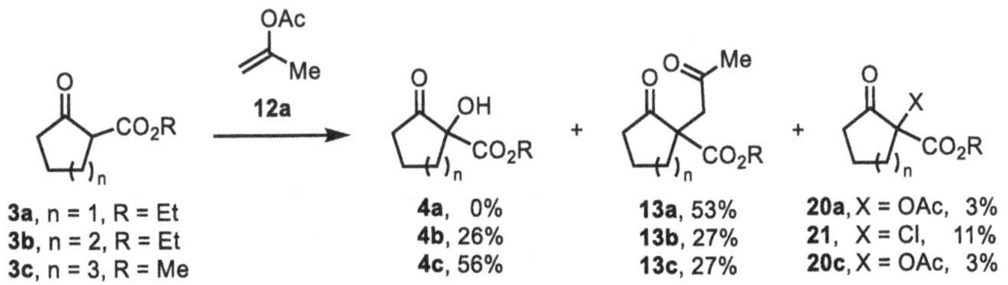

Schema 27. Produkte der Reaktion des β-Oxoesters **3a** mit Isopropenylacetat **12a**.

Im zweiten Teil der Arbeit sollten die 1,4-Dicarbonylverbindungen **13a-c** als Ausgangs-verbindungen in Anellierungsreaktionen eingesetzt werden (Schema 28). Zunächst wurde die Reaktion mit AcOH und Pyrrolidin unter Anwendung verschiedener Reaktionsbedingungen untersucht, diese führte jedoch zu keinem Umsatz. Erst der Wechsel auf die starken Basen NaH bzw. KO*t*Bu ermöglichte die intramolekulare Aldolkondensationsreaktion.

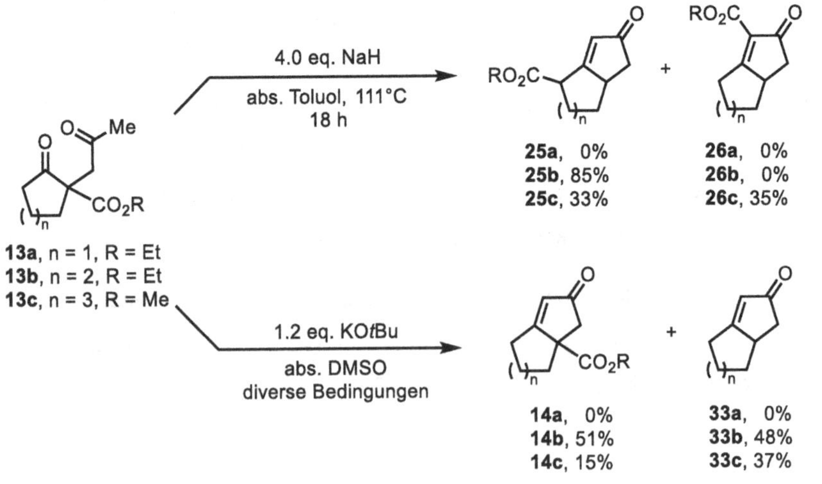

Schema 28. Übersicht über die durchgeführten Anellierungsreaktionen.

Auffällig war, dass abhängig von den Reaktionsführungen unterschiedliche Regioisomere erhalten wurden. Bei der basenkatalysierten Reaktion mit NaH fand eine der Anellierungsreaktion vorangestellte Retro-Dieckmann-Dieckmann-Reaktion statt, sodass die Produkte **25** in einer Ausbeute bis 85% entstanden. Ein nucleophiler Angriff des Enolats des Oxopropyl-Restes auf die Estergruppe bedingte dagegen das Wandern der Gruppe auf das terminale Ende des Restes, sodass nach Ringschluss das Regioisomer **26c** in 35% Ausbeute erhalten wurde. Beim Einsatz von KO*t*Bu als Base wurde kein Wandern der Estergruppe vor dem Ringschluss beobachtet, sodass die Enone **14** in Ausbeuten bis zu 51% dargestellt werden konnten. Als Konkurrenzreaktion trat jedoch stets parallel zur Anellierungsreaktion eine Esterverseifung und Decarboxylierung auf, sodass die Produkte **33** (bis 48%) entstanden.

5. Experimenteller Teil

5.6 Analytik

Dünnschichtchromatographie: Dünnschichtchromatogramme wurden an DC-Fertigfolien der Firma Merck mit Fluoreszenzindikator (Kieselgel Typ 60, F_{254}) entwickelt. Das verwendete Laufmittel ist mit dem R_f-Wert der entsprechenden Verbindung angegeben. Die Detektion erfolgte mittels UV-Licht der Wellenlängen 254 nm. Bei nicht UV-aktiven Substanzen wurden die R_f-Werte durch Anfärben mit Cer-Molybdatophosphorsäure-Reagenz ermittelt. Dieses wurde aus 2.0 g Cer(IV)-sulfat [Cer(SO$_4$)$_2$] und 5.0 g Molybdatophosphorsäure Monohydrat (HMo$_{12}$O$_{39}$P · H$_2$O) in 16 ml konzentrierter Schwefelsäure und 190 ml Wasser durch Rühren über Nacht hergestellt. Zur optimalen Fleckenausbildung wurden die DC-Folien zusätzlich erhitzt.

Gaschromatographie: Gaschromatographische Messungen wurden mit einem Gerät der Marke Focus GC der Firma Thermo Fisher gemessen. Als Trägergas wurde Wasserstoff (konstanter Fluss, 1.5 ml min^{-1}) und als stationäre Phase wurde eine CP-Sil 19 CB (30 m, 0.25 mm, 86% Dimethylpolysiloxan, 14% Cyanopropyl-phenyl-polysiloxan) eingesetzt.

IR-Spektroskopie: Infrarot-Spektren wurden mit einem IR-Spektrometer Tensor 27 der Firma Bruker mit MKII Golden Gate Single Reflection Diamond ATR-System aufgenommen. Die auftretenden Intensitäten sind durch folgende Abkürzungen charakterisiert: vs (sehr stark), s (stark), m (mittel), w (schwach). Breite Signale werden durch den Zusatz br (breit) gekennzeichnet.

Massenspektrometrie: Niederaufgelöste (MS) und hochaufgelöste Massenspektren (HR-MS) wurden an einem Q-TOF Premier (ESI) der Firma Waters gemessen. Die ESI-Spektren wurden im positiven Modus gemessen. Bei allen Spektren sind die relativen Intensitäten in Prozent des jeweiligen Basispeaks angegeben. GC-MS-Spektren wurden an einem Focus GC mit dem nachgeschalteten Massendetektor DSQ der Firma Thermo Fisher gemessen. Bei allen Spektren sind die relativen Intensitäten in Prozent des jeweiligen Basispeaks angegeben.

NMR-Spektroskopie: ^{1}H-NMR-Spektren wurden mit den Bruker-Geräten Avance 300 (300 MHz) und Avance 500 (500 MHz) bei Zimmertemperatur aufgenommen. ^{1}H-Breitband-entkoppelte ^{13}C-NMR-Spektren wurden mit einem Bruker Avance 500 (125 MHz) gemessen. Alle Spektren wurden in CDCl$_3$ oder DMSO-d$_6$ als deuterierte Lösungsmittel gemessen. Die chemischen Verschiebungen sind als δ-Werte in ppm angegeben und auf Tetramethylsilan (δ = 0 ppm) als internen Standard bezogen. Die Kopplungskonstanten J sind als Frequenzen in Hz angegeben. Weiterhin werden für die Signalmultiplizitäten folgende Abkürzungen verwendet: s (Singulett), d (Dublett), t (Triplett), q (Quartett), pent (Pentett) und m (Multiplett). Breite Signale sind zusätzlich mit br (breit) gekennzeichnet. Zusätzlich wurden DEPT135-Messungen durchgeführt und die entsprechenden Signale den Kohlenstoffatomen wie folgt zugeordnet: CH$_3$ (primär), CH$_2$ (sekundär), CH (tertiär) und C (quartär).

Schmelzpunkte: Die Bestimmung der Schmelzpunkte erfolgte mittels eines Gallen-kamp Melting Point-Messgerätes. Die Werte sind unkorrigiert.

5.7 Lösungsmittel

Die verwendeten Lösungsmittel wurden nach Standardvorschriften gereinigt und getrocknet. Die Lösungsmittel für die Chromatographie (EE, Hexan) wurden destilliert. Folgende Lösungsmittel wurden ohne weitere Vorbehandlung eingesetzt: MTBE, DMSO, MeOH, *i*PrOH, TFE, HFIP. Absolute Lösungsmittel wie CH$_2$Cl$_2$, MeOH, DMSO, Toluol, Et$_2$O und THF wurden entweder nach literaturbekannten Vorschriften getrocknet und destilliert oder aus kommerziellen Quellen bezogen.

5.8 Arbeitstechnik

Experimente mit hydrolyse- oder luftempfindlichen Substanzen wurden mit im Vakuum ausgeheizten und getrocknetem Stickstoff befüllten Reaktionsgefäßen unter leichtem Schutzgasüberdruck (N_2) durchgeführt. Flüssigkeiten wurden mit Einwegspritzen zugegeben. Feststoffe wurden bei Experimenten unter Inertbedingungen vor der Verwendung mehrfach mit Stickstoff gespült.

5.9   Versuchsvorschriften und spektroskopische Daten

5.9.1   Synthese der Ausgangsverbindungen

5.9.1.1   *N*-(Benzyloxycarbonyl)glycin 17[35a]

CbzHN⌒CO₂H $C_{10}H_{11}NO_4$

$M = 209.20$ g mol^{-1}

CbzCl (8.18 g, 48.0 mmol, 6.82 ml) und Natronlauge (4 mol l^{-1}, 11 ml) wurden gleichzeitig innerhalb von 5 min bei 0°C zu einer Lösung von Glycin **16** (3.00 g, 40.0 mmol) in Natronlauge (2 mol l^{-1}, 23 ml) getropft und die Mischung wurde bei dieser Temperatur 1 h lang gerührt. Die wässrige Lösung wurde mit Et₂O (3 x 20 ml) gewaschen. Anschließend wurde mit Salzsäure (6 mol l^{-1}, ~8 ml) der pH-Wert von pH = 1 eingestellt und die resultierende Mischung für 1 h bei 0°C gekühlt. Nach Filtration wurde der Rückstand mit kaltem Wasser (3 x 10 ml) gewaschen und im Vakuum getrocknet. Das Carbamat **17** (8.33 g, 39.8 mmol, 99%) konnte in Form farbloser Kristalle erhalten werden.

Schmelzpunkt: 118°C; Lit.: 116–118°C.[35b]

¹H-NMR (500 MHz, DMSO-d₆): δ = 3.67 (d, *J* = 6.2 Hz, 2H), 5.04 (s, 2H), 7.29–7.38 (m, 5H), 7.56 (t, *J* = 6.1 Hz, 1H), 12.54 (br s, 1H) ppm.

¹³C{¹H}-NMR (125 MHz, DMSO-d₆): δ = 42.16 (CH₂), 65.50 (CH₂), 127.75 (2 CH), 127.86 (CH), 128.39 (2 CH), 137.04 (C), 156.54 (C), 171.61 (C) ppm.

IR (ATR): λ^{-1} = 3325 (m), 3032 (w), 2941 (w), 1722 (s), 1692 (vs), 1677 (vs), 1531 (s), 1434 (m), 1411 (m), 1319 (m), 1289 (m), 1241 (vs), 1220 (s), 1168 (s), 1052 (m), 977 (vs), 911 (m), 839 (w), 790 (m), 763 (s), 731 (m), 700 (s), 594 (vs) cm^{-1}.

---

[35] a) K. Okano, N. Mitsuhashi, H. Tokuyama, *Tetrahedron* **2013**, *69*, 10946–10954; b) M. Bjelakovic, N. Todorovic, D. Milic, *Eur. J. Org. Chem.* **2012**, 5291–5300.

5.9.1.2 *N*-(Benzyloxycarbonyl)glycinmethylester 18[35a]

CbzHN⌒CO$_2$Me $C_{11}H_{13}NO_4$

M = 223.23 g mol^{-1}

Thionylchlorid (2.00 g, 16.7 mmol, 1.20 ml) wurde zu einer Lösung der Carbonsäure 17 (2.50 g, 12.0 mmol) in MeOH (60 ml) bei 0°C innerhalb von 10 min getropft und die Mischung wurde bei dieser Temperatur 2 h gerührt. Anschließend wurden die flüchtigen Bestandteile im Vakuum entfernt und der Rückstand über Kieselgel (SiO$_2$, MTBE, R$_f$ = 0.50) chromatographiert. Das Carbamat 18 (2.64 g, 11.8 mmol, 99%) wurde als farbloses Öl erhalten.

R$_f$(SiO$_2$, MTBE) = 0.50.

^{1}H-NMR (500 MHz, DMSO-d$_6$): δ = 3.64 (s, 3H), 3.79 (d, *J* = 6.2 Hz, 2H), 5.06 (s, 2H), 7.29–7.38 (m, 5H), 7.66 (t, *J* = 6.0 Hz, 1H) ppm.

^{13}C{^{1}H}-NMR (125 MHz, DMSO-d$_6$): δ = 42.07 (CH$_2$), 51.63 (CH$_3$), 65.53 (CH$_2$), 127.65 (2 CH), 127.77 (CH), 128.30 (2 CH), 136.90 (C), 156.45 (C), 170.57 (C) ppm.

IR (ATR): λ^{-1} = 3352 (m, br), 3034 (w), 2954 (w), 1702 (s), 1520 (s), 1438 (m), 1367 (w), 1274 (m), 1204 (vs), 1179 (s), 1052 (s), 1003 (s), 778 (w), 738 (m), 697 (s) cm^{-1}.

5.9.2 Synthese der β-Oxoester 3

5.9.2.1 4-Oxotetrahydro-2*H*-thiopyran-3-carbonsäuremethylester 3d[24]

$C_7H_{10}O_3S$

M = 174.21 g mol^{-1}

Abs. MeOH (1 ml) wurde unter Luft- und Wasserausschluss (Stickstoffatmosphäre) bei 0°C zu einer Suspension von Na (469 mg, 20.4 mmol) in abs. Et$_2$O (2 ml) und abs. THF (2 ml) gegeben und die Mischung wurde anschließend 1.5 h bei 23°C gerührt. Dann wurde eine Lösung von Diester **15** (2.00 g, 9.70 mmol) in abs. Et$_2$O (4 ml) bei 0°C zu dieser Reaktionsmischung getropft und danach wurde 18 h bei 23°C gerührt. Das Gemisch wurde bei 0°C zu einer Lösung von AcOH (2 ml) in Wasser (4 ml) gegeben und die Phasen wurden getrennt. Die wässrige Phase wurde mit MTBE (3 x 15 ml) extrahiert und die vereinigten organischen Extrakte wurden mit gesättigter NaHCO$_3$-Lösung, Wasser und gesättigter NaCl-Lösung (je 20 ml) gewaschen. Anschließend wurde über MgSO$_4$ getrocknet, filtriert und das Lösungsmittel im Vakuum entfernt. β-Oxoester **3d** (1.37 g, 7.86 mmol, 81%) wurde als farbloses Öl erhalten.

Das Produkt liegt in einer Mischung aus Keto- und Enolform im Verhältnis 1 / 1.5 vor.

¹H-NMR (500 MHz, CDCl$_3$); Ketoform: δ = 2.67–2.78 (m, 1H), 2.82 (ddd, *J* = 13.9 Hz, *J* = 6.4 Hz, *J* = 4.9 Hz, 1H), 2.90–2.93 (m, 1H), 3.01 (ddd, *J* = 13.9 Hz, *J* = 4.4 Hz, *J* = 1.6 Hz, 1H), 3.25 (ddd, *J* = 13.9 Hz, *J* = 8.6 Hz, *J* = 1.1 Hz, 1H), 3.62–3.68 (m, 2H), 3.73 (s, 3H) ppm; Enolform: δ = 2.55 (tt, *J* = 6.0 Hz, *J* = 1.4 Hz, 2H), 2.73 (t, *J* = 6.0 Hz, 2H), 3.30 (t, *J* = 1.4 Hz, 2H), 3.73 (s, 3H), 12.46 (s, 1H) ppm.

[24] M. Penning, J. Christoffers, *Eur. J. Org. Chem.* **2014**, 389–400.

$^{13}C\{^1H\}$-NMR (125 MHz, CDCl$_3$); Ketoform: δ = 30.40 (CH$_2$), 32.50 (CH$_2$), 43.59 (CH$_2$), 52.51 (CH$_3$), 58.66 (CH), 169.13 (C), 203.62 (C) ppm; Enolform: δ = 23.51 (CH$_2$), 24.69 (CH$_2$), 30.82 (CH$_2$), 51.82 (CH$_3$), 97.30 (C), 171.90 (C), 172.44 (C) ppm.

IR (ATR): λ^{-1} = 2999 (w), 2953 (w), 2903 (w), 1737 (m), 1713 (m), 1653 (m), 1612 (m), 1439 (m), 1412 (w), 1379 (w), 1359 (w), 1308 (m), 1253 (m), 1222 (s), 1194 (vs), 1162 (m), 1112 (w), 1065 (m), 1012 (w), 974 (w), 934 (w), 834 (m), 694 (w) cm^{-1}.

5.9.2.2 4-Oxopyrrolidin-1,3-dicarbonsäure-1-benzylester-3-methylester 3e[24]

$C_{14}H_{15}NO_5$

M = 277.28 g mol^{-1}

Methylacrylat (283 mg, 3.36 mmol) und KOtBu (415 mg, 3.70 mmol) wurden bei 0 °C zu einer Lösung von Carbamat **18** (749 mg, 3.36 mmol) in THF (8 ml) gegeben und die Reaktionsmischung wurde 3 d bei 23 °C gerührt. Anschließend wurde das Lösungsmittel im Vakuum entfernt und der Rückstand in CH$_2$Cl$_2$ (10 ml) auf-genommen. Mit Salzsäure (1 mol l^{-1}, 7 ml) wurde pH = 1 eingestellt und die Phasen wurden getrennt. Dann wurde die wässrige Phase mit CH$_2$Cl$_2$ (3 x 15 ml) extrahiert und die vereinigten organischen Extrakte wurden über MgSO$_4$ getrocknet, filtriert und das Lösungsmittel im Vakuum entfernt. Nach Chromatographie an Kieselgel (Hexan / MTBE = 1 / 2, R$_f$ = 0.21) konnte β-Oxoester **3e** (564 mg, 2.03 mmol, 61%) als hellrosa farbenes Öl erhalten werden.

Das Produkt liegt in einer Mischung aus Keto- und Enolform im Verhältnis 2 / 1 vor.

R$_f$(SiO$_2$, Hexan / MTBE = 1 / 2) = 0.21.

^{1}H-NMR (500 MHz, CDCl$_3$); Ketoform: δ = 3.60–3.63 (m, 1H), 3.77 (s, 3H), 3.88–3.99 (m, 1H), 4.10–4.14 (m, 1H), 4.27–4.31 (m, 2H), 5.17 (s, 2H), 7.26–7.44 (m, 5H) ppm; Enolform: δ = 3.79 (s, 3H), 3.88–3.99 (m, 2H), 4.10–4.14 (m, 1H), 4.27–4.31 (m, 1H), 5.18 (s, 2H), 7.26–7.44 (m, 5H), 10.00 (s, 1H) ppm.

^{13}C{^{1}H}-NMR (125 MHz, CDCl$_3$); Ketoform: δ = 48.80 (CH$_2$), 51.19 (CH$_2$), 51.59 (CH), 53.16 (CH$_3$), 67.74 (CH$_2$), 128.22 (2 CH), 128.25 (CH), 128.63 (2 CH), 136.18 (C), 154.68 (C), 167.85 (C), 203.56 (C) ppm; Enolform: δ = 49.04 (CH$_2$), 51.52 (CH$_2$), 51.65 (CH$_3$), 67.38 (CH$_2$), 97.09 (C), 128.09 (2 CH), 128.43 (CH), 128.69 (2 CH), 136.53 (C), 154.58 (C), 166.98 (C), 167.72 (C) ppm.

IR (ATR): λ^{-1} = 3353 (m, br), 3034 (w), 2958 (w), 1702 (vs), 1683 (vs), 1589 (w), 1500 (w), 1446 (s), 1424 (s), 1355 (m), 1308 (m), 1238 (s), 1213 (m), 1195 (m), 1137 (s), 1103 (s), 1082 (m), 1046 (s), 948 (m), 921 (w), 847 (w), 760 (s), 746 (s), 702 (s), 640 (m), 617 (s) cm^{-1}.

5.9.2.3 4-Oxopiperidin-1,3-dicarbonsäure-1-benzylester-3-methylester 3f[24]

C$_{15}$H$_{17}$NO$_5$

M = 291.30 g mol^{-1}

NEt$_3$ (0.54 g, 5.3 mmol, 0.75 ml) und CbzCl (0.51 g, 3.0 mmol, 0.40 ml) wurden bei 0°C zu einer Lösung von Hydrochlorid **19** (525 mg, 2.71 mmol) in CH$_2$Cl$_2$ (5.5 ml) gegeben und die Mischung wurde zunächst 30 min bei dieser Temperatur und anschließend 20 h bei 23°C gerührt. Daraufhin wurde mit Salzsäure (1 mol l^{-1}, 10 ml) verdünnt und mit CH$_2$Cl$_2$ (3 x 10 ml) extrahiert. Die vereinigten organischen Phasen wurden mit gesättigter NaHCO$_3$-Lösung (20 ml) gewaschen und danach über MgSO$_4$ getrocknet und filtriert. Das Lösungsmittel wurde im Vakuum entfernt und nach

---

[24] M. Penning, J. Christoffers, *Eur. J. Org. Chem.* **2014**, 389–400.

Chromatographie an Kieselgel (Hexan / MTBE = 3 / 1, R_f = 0.23) konnte das Produkt **3f** (534 mg, 1.83 mmol, 68%) als farbloses Öl erhalten werden.

R_f(SiO$_2$, Hexan / MTBE = 3 / 1) = 0.23.

^{1}H-NMR (500 MHz, CDCl$_3$): δ = 2.34–2.43 (m, 2H), 3.64 (t, J = 6.0 Hz, 2H), 3.77 (s, 3H), 4.14 (s, 2H), 5.16 (s, 2H), 7.30–7.38 (m, 5H), 11.98 (s, 1H) ppm.

^{13}C{^{1}H}-NMR (125 MHz, CDCl$_3$): δ = 28.77 (CH$_2$), 40.02 (CH$_2$), 40.53 (CH$_2$), 51.70 (CH$_3$), 67.46 (CH$_2$), 95.65 (C), 128.11 (2 CH), 128.20 (CH), 128.61 (2 CH), 136.64 (C), 155.25 (C), 169.61 (C), 170.97 (C) ppm.

IR (ATR): λ^{-1} = 3033 (w), 2953 (w), 2864 (w), 1698 (vs), 1663 (s), 1622 (m), 1498 (w), 1429 (s), 1387 (w), 1358 (w), 1336 (w), 1309 (vs), 1217 (vs), 1182 (vs), 1144 (w), 1111 (s), 1063 (s), 1029 (w), 994 (w), 957 (m), 912 (w), 876 (w), 813 (m), 753 (m), 733 (m), 697 (s), 603 (w) cm^{-1}.

5.9.3 Cer-katalysierte Umsetzung des β-Oxoesters 3a mit Enolether 12a

Methode A: $CeCl_3 \cdot 7\,H_2O$ (49 mg, 0.13 mmol) wurde zu einer Mischung aus dem β-Oxoester **3a** (200 mg, 1.28 mmol) und dem Enolether **12a** (640 mg, 6.39 mmol) in HFIP (0.7 ml) gegeben und die resultierende Reaktionsmischung 18 h bei 60°C gerührt. Nach Filtration wurden die flüchtigen Anteile im Vakuum entfernt und der Rückstand wurde anschließend über Kieselgel (SiO_2, Hexan / MTBE = 3 / 1 mit Gradient nach 1 / 1) chromatographiert. Als erste Fraktion wurde das Acetat **20a** [59 mg, 0.28 mmol, 22%, R_f(Hexan / MTBE = 1 / 1) = 0.35], als zweite Fraktion das 1,4-Diketon **13a** [59 mg, 0.28 mmol, 22%, R_f(Hexan / MTBE = 1 / 1) = 0.31] und als dritte Fraktion das Acyloin **4a** [20 mg, 0.12 mmol, 9%, R_f(Hexan / MTBE = 1 / 1) = 0.27], jeweils als farblose Öle, erhalten.

Methode B: $CeCl_3 \cdot 7\,H_2O$ (24 mg, 64 µmol) wurde zu einer Mischung aus dem β-Oxoester **3a** (200 mg, 1.28 mmol) und dem Enolether **12a** (641 mg, 6.40 mmol) in TFE (1 ml) gegeben und die resultierende Reaktionsmischung 24 h bei 50°C gerührt. Nach Filtration wurden die flüchtigen Anteile im Vakuum entfernt und der Rückstand wurde anschließend über Kieselgel (SiO_2, Hexan / MTBE = 3 / 1 mit Gradient nach 1 / 1) chromatographiert. Als erste Fraktion wurde das Acetat **20a** [9 mg, 0.04 mmol, 3%, R_f(Hexan / MTBE = 1 / 1) = 0.35] und als zweite Fraktion das 1,4-Diketon **13a** [142 mg, 675 µmol, 53%, R_f(Hexan / MTBE = 1 / 1) = 0.31], jeweils als farblose Öle, erhalten.

5.9.3.1 2-Acetoxycyclopentanon-2-carbonsäureethylester 20a

$C_{10}H_{14}O_5$

$M = 214.22\ \text{g mol}^{-1}$

R_f(SiO_2, Hexan / MTBE = 1 / 1) = 0.35.

^{1}H-NMR (500 MHz, CDCl$_3$): δ = 1.24 (t, J = 7.1 Hz, 3H), 2.06–2.13 (m, 2H), 2.11 (s, 3H), 2.22 (ddd, J = 13.9 Hz, J = 9.7 Hz, J = 8.3 Hz, 1H), 2.44–2.54 (m, 2H), 2.77 (dt, J = 13.7 Hz, J = 5.3 Hz, 1H), 4.17–4.24 (m, 2H) ppm.

^{13}C{^{1}H}-NMR (125 MHz, CDCl$_3$): δ = 14.03 (CH$_3$), 18.42 (CH$_2$), 20.81 (CH$_3$), 33.63 (CH$_2$), 35.86 (CH$_2$), 62.39 (CH$_2$), 84.14 (C), 166.97 (C), 169.70 (C), 208.30 (C) ppm.

IR (ATR): λ^{-1} = 2982 (w), 2942 (w), 2913 (w), 1740 (vs), 1467 (w), 1446 (w), 1403 (w), 1370 (m), 1311 (w), 1265 (s), 1228 (vs), 1173 (s), 1149 (s), 1127 (m), 1046 (m), 1020 (s), 975 (w), 918 (w), 888 (w), 855 (w), 807 (w), 623 (w) cm^{-1}.

MS (ESI): m/z (%) = 237 (100) [M + Na$^+$].

HR-MS (ESI):   ber. 237.0739   (für C$_{10}$H$_{15}$NaO$_5$),

gef. 237.0731   [M + Na$^+$].

5.9.3.2 2-(2-Oxopropyl)cyclopentanon-2-carbonsäureethylester 13a[36]

C$_{11}$H$_{16}$O$_4$

M = 212.24 g mol^{-1}

R$_f$(SiO$_2$, Hexan / MTBE = 1 / 1) = 0.31.

^{1}H-NMR (500 MHz, CDCl$_3$): δ = 1.20 (t, J = 7.1 Hz, 3H), 1.97–2.04 (m, 2H), 2.06–2.12 (m, 1H), 2.10 (s, 3H), 2.41–2.47 (m, 2H), 2.50–2.54 (m, 1H), 2.92 (A-Teil eines AB-Systems, J = 18.6 Hz, 1H), 3.17 (B-Teil eines AB-Systems, J = 18.6 Hz, 1H), 4.11 (q, J = 7.1 Hz, 2H) ppm.

[36] a) Y. Hori, T. Mitsudo, Y. Watanabe, *J. Organomet. Chem.* **1987**, *321*, 397–408; b) D. K. Klipa, H. Hart, *J. Org. Chem.* **1981**, *46*, 2815–2816.

$^{13}C\{^1H\}$-NMR (125 MHz, CDCl3): δ = 14.04 (CH3), 19.87 (CH2), 30.04 (CH3), 33.32 (CH2), 37.69 (CH2), 47.56 (CH2), 57.49 (C), 61.68 (CH2), 170.62 (C), 205.36 (C), 214.78 (C) ppm.

IR (ATR): $λ^{-1}$ = 2980 (w), 2909 (w), 1750 (s), 1715 (vs), 1467 (w), 1448 (w), 1403 (w), 1364 (m), 1321 (w), 1281 (w), 1259 (w), 1227 (m), 1165 (s), 1147 (s), 1112 (s), 1051 (w), 1025 (m), 975 (w), 948 (w), 919 (w), 857 (w), 821 (w), 612 (w), 551 (m) cm^{-1}.

5.9.3.3 2-Hydroxycyclopentanon-2-carbonsäureethylester 4a[37]

$C_8H_{12}O_4$

M = 172.18 g mol^{-1}

R$_f$(SiO2, Hexan / MTBE = 1 / 1) = 0.27.

^{1}**H-NMR** (500 MHz, CDCl3): δ = 1.25 (t, J = 7.1 Hz, 3H), 2.05–2.11 (m, 3H), 2.40–2.48 (m, 3H), 3.82 (s, 1H), 4.18–4.27 (m, 2H) ppm.

$^{13}C\{^1H\}$-**NMR** (125 MHz, CDCl3): δ = 14.11 (CH3), 18.47 (CH2), 34.87 (CH2), 35.94 (CH2), 62.61 (CH2), 79.85 (C), 171.69 (C), 213.58 (C) ppm.

IR (ATR): $λ^{-1}$ = 3470 (w, br), 2980 (m), 2944 (w), 2907 (w), 1754 (vs), 1727 (vs), 1467 (w), 1447 (w), 1402 (w), 1369 (m), 1259 (s), 1163 (vs), 1096 (s), 1047 (m), 1019 (s), 1004 (m), 956 (w), 915 (w), 818 (w), 771 (w), 654 (w), 620 (w) cm^{-1}.

[37] a) J. Christoffers, T. Werner, W. Frey, A. Baro, *Eur. J. Org. Chem.* **2003**, 4879–4886; b) Y.-F. Liang, N. Jiao, *Angew. Chem.* **2014**, *126*, 558–562.

5.9.4 Cer-katalysierte Umsetzung des β-Oxoesters **3b** mit Enolether **12a**

$CeCl_3 \cdot 7\,H_2O$ (24 mg, 64 µmol) wurde zu einer Mischung aus dem β-Oxoester **3b** (218 mg, 1.28 mmol) und dem Enolether **12a** (644 mg, 6.40 mmol) in TFE (1 ml) gegeben und die resultierende Reaktionsmischung 24 h bei 50°C gerührt. Nach Filtration wurden die flüchtigen Anteile im Vakuum entfernt und der Rückstand wurde anschließend über Kieselgel (SiO_2, Hexan / MTBE = 3 / 1 mit Gradient nach 1 / 1) chromatographiert. Als erste Fraktion wurde das α-chlorierte Produkt **21** [28 mg, 0.14 mmol, 11%, R_f(Hexan / MTBE = 1 / 1) = 0.57], als zweite Fraktion das Acyloin **4b** [63 mg, 0.34 mmol, 26%, R_f(Hexan / MTBE = 1 / 1) = 0.43] und als dritte Fraktion das 1,4-Diketon **13b** [77 mg, 0.34 mmol, 27%, R_f(Hexan / MTBE = 1 / 1) = 0.37], jeweils als farblose Öle, erhalten.

5.9.4.1 2-Chlorcyclohexanon-2-carbonsäureethylester 21[16b,38]

$C_9H_{13}ClO_3$

M = 204.65 g mol^{-1}

R_f(SiO_2, Hexan / MTBE = 1 / 1) = 0.57.

1H-NMR (500 MHz, $CDCl_3$): δ = 1.31 (t, J = 7.1 Hz, 3H), 1.71–1.78 (m, 1H), 1.83–2.00 (m, 3H), 2.13 (dddd, J = 13.8 Hz, J = 8.8 Hz, J = 3.6 Hz, J = 1.1 Hz, 1H), 2.43 (ddd, J = 14.1 Hz, J = 8.6 Hz, J = 5.3 Hz, 1H), 2.80 (dddd, J = 14.2 Hz, J = 7.5 Hz, J = 3.8 Hz, J = 1.6 Hz, 1H), 2.86 (dddd, J = 14.2 Hz, J = 6.8 Hz, J = 5.5 Hz, J = 1.4 Hz, 1H), 4.25–4.34 (m, 2H) ppm.

[16b] J. Christoffers, T. Werner, S. Unger, W. Frey, *Eur. J. Org. Chem.* **2003**, 425–431.
[38] Y. Mei, P. A. Bentley, J. Du, *Tetrahedron Lett.* **2008**, *49*, 3802–3804.

$^{13}C\{^1H\}$-NMR (125 MHz, CDCl$_3$): δ = 14.05 (CH$_3$), 22.31 (CH$_2$), 26.86 (CH$_2$), 38.99 (CH$_2$), 39.78 (CH$_2$), 63.05 (CH$_2$), 73.64 (C), 167.39 (C), 199.82 (C) ppm.

IR (ATR): λ^{-1} = 2930 (s), 2872 (m), 1719 (vs), 1453 (m), 1372 (w), 1285 (m), 1248 (m), 1210 (w), 1165 (m), 1134 (w), 1101 (w), 1030 (m), 968 (w), 953 (w), 863 (w), 820 (w), 751 (w), 669 (w), 635 (w), 603 (w) cm^{-1}.

5.9.4.2 2-Hydroxycyclohexanon-2-carbonsäureethylester 4b[16b]

C$_9$H$_{14}$O$_4$

M = 186.21 g mol^{-1}

R$_f$(SiO$_2$, Hexan / MTBE = 1 / 1) = 0.43.

^{1}H-NMR (500 MHz, CDCl$_3$): δ = 1.27 (t, J = 7.2 Hz, 3H), 1.62–1.75 (m, 2H), 1.79 (dt, J = 10.9 Hz, J = 3.4 Hz, 1H), 1.85 (dddd, J = 12.7 Hz, J = 6.8 Hz, J = 4.2 Hz, J = 1.9 Hz, 1H), 2.00–2.05 (m, 1H), 2.54 (ddd, J = 14.0 Hz, J = 11.7 Hz, J = 6.0 Hz, 1H), 2.60 (dddd, J = 14.1 Hz, J = 5.4 Hz, J = 3.8 Hz, J = 2.6 Hz, 1H), 2.66 (dtd, J = 14.1 Hz, J = 4.5 Hz, J = 1.5 Hz, 1H), 4.22 (q, J = 7.1 Hz, 2H), 4.33 (s, 1H) ppm.

$^{13}C\{^1H\}$-NMR (125 MHz, CDCl$_3$): δ = 14.10 (CH$_3$), 22.06 (CH$_2$), 27.14 (CH$_2$), 37.75 (CH$_2$), 38.99 (CH$_2$), 62.20 (CH$_2$), 80.78 (C), 170.17 (C), 207.48 (C) ppm.

IR (ATR): λ^{-1} = 2939 (w), 2871 (w), 1716 (vs), 1449 (w), 1370 (w), 1249 (m), 1212 (w), 1154 (w), 1093 (m), 1045 (w), 1018 (m), 960 (w), 912 (w), 859 (w), 797 (w), 670 (w), 609 (w) cm^{-1}.

[16b] J. Christoffers, T. Werner, S. Unger, W. Frey, *Eur. J. Org. Chem.* **2003**, 425–431.

5.9.4.3 2-(2-Oxopropyl)cyclohexanon-2-carbonsäureethylester 13b[16b]

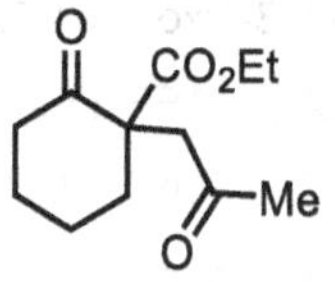

$C_{12}H_{18}O_4$

$M = 226.27$ g mol^{-1}

$R_f(SiO_2$, Hexan / MTBE = 1 / 1) = 0.37.

^{1}H-NMR (500 MHz, CDCl$_3$): δ = 1.24 (t, J = 7.1 Hz, 3H), 1.64–1.74 (m, 4H), 1.97–2.03 (m, 1H), 2.15 (s, 3H), 2.32–2.36 (m, 1H), 2.42–2.46 (m, 1H), 2.73–2.80 (m, 1H), 2.80 (A-Teil eines AB-Systems, J = 17.1 Hz, 1H), 2.85 (B-Teil eines AB-Systems, J = 17.1 Hz, 1H), 4.14–4.24 (m, 2H) ppm.

^{13}C{^{1}H}-NMR (125 MHz, CDCl$_3$): δ = 14.09 (CH$_3$), 22.06 (CH$_2$), 26.94 (CH$_2$), 30.43 (CH$_3$), 36.80 (CH$_2$), 40.59 (CH$_2$), 48.23 (CH$_2$), 59.37 (C), 61.60 (CH$_2$), 171.99 (C), 205.53 (C), 207.48 (C) ppm.

IR (ATR): λ^{-1} = 2940 (m), 2868 (w), 1709 (vs), 1464 (w), 1448 (m), 1426 (w), 1365 (m), 1312 (w), 1254 (m), 1230 (m), 1200 (m), 1171 (m), 1133 (m), 1093 (m), 1080 (m), 1062 (w), 1020 (m), 958 (w), 914 (w), 859 (w), 790 (w), 751 (w) cm^{-1}.

5.9.5 Cer-katalysierte Umsetzung des β-Oxoesters 3c mit Enolether 12a

$CeCl_3 \cdot 7 H_2O$ (24 mg, 64 µmol) wurde zu einer Mischung aus dem β-Oxoester **3c** (218 mg, 1.28 mmol) und dem Enolether **12a** (642 mg, 6.40 mmol) in TFE (1 ml) gegeben und die resultierende Reaktionsmischung 24 h bei 50°C gerührt. Nach Filtration wurden die flüchtigen Anteile im Vakuum entfernt und der Rückstand wurde anschließend über Kieselgel (SiO_2, Hexan / MTBE = 3 / 1 mit Gradient nach 1 / 1) chromatographiert. Als erste Fraktion wurde das Acyloin **4c** [134 mg, 719 µmol, 56%, R_f(Hexan / MTBE = 1 / 1) = 0.46], als zweite Fraktion das 1,4-Diketon **13c** [64 mg, 0.28 mmol, 28%, R_f(Hexan / MTBE = 1 / 1) = 0.34] und als dritte Fraktion das Acetat **20c** [8 mg, 0.04 mmol, 3%, R_f(Hexan / MTBE = 1˙ / 1) = 0.23], jeweils als farblose Öle, erhalten.

5.9.5.1 2-Hydroxycycloheptanon-2-carbonsäuremethylester 4c[16b]

$C_9H_{14}O_4$

$M = 186.21 \ g \ mol^{-1}$

R_f(SiO_2, Hexan / MTBE = 1 / 1) = 0.46.

^{1}H-NMR (500 MHz, $CDCl_3$): δ = 1.25–1.33 (m, 1H), 1.39–1.49 (m, 2H), 1.74–1.82 (m, 2H), 1.88–1.95 (m, 1H), 2.06 (dd, J = 15.0 Hz, J = 8.0 Hz, 1H), 2.22 (dd, J = 14.9 Hz, J = 10.8 Hz, 1H), 2.54 (ddd, J = 11.7 Hz, J = 7.2 Hz, J = 2.2 Hz, 1H), 2.90 (ddt, J = 12.1 Hz, J = 9.0 Hz, J = 2.8 Hz, 1H), 3.71 (s, 3H), 4.28 (s, 1H) ppm.

^{13}C{^{1}H}-NMR (125 MHz, $CDCl_3$): δ = 23.67 (CH_2), 27.15 (CH_2), 30.15 (CH_2), 34.59 (CH_2), 39.96 (CH_2), 53.00 (CH_3), 83.54 (C), 171.13 (C), 209.46 (C) ppm.

[16b] J. Christoffers, T. Werner, S. Unger, W. Frey, *Eur. J. Org. Chem.* **2003**, 425–431.

IR (ATR): λ^{-1} = 3473 (w), 2934 (m), 2861 (w), 1749 (s), 1711 (vs), 1454 (m), 1436 (m), 1370 (w), 1319 (w), 1268 (m), 1232 (s), 1165 (s), 1151 (m), 1109 (m), 1082 (m), 1039 (m), 1008 (m), 954 (w), 937 (w), 629 (w) cm^{-1}.

5.9.5.2 2-(2-Oxopropyl)cycloheptanon-2-carbonsäuremethylester 13c[34a]

$C_{12}H_{18}O_4$

M = 226.27 g mol^{-1}

R_f(SiO$_2$, Hexan / MTBE = 1 / 1) = 0.34.

^{1}H-NMR (500 MHz, CDCl$_3$): δ = 1.24–1.31 (m, 1H), 1.47–1.59 (m, 2H), 1.65–1.76 (m, 2H), 1.80–1.86 (m, 1H), 2.00 (ddd, J = 15.0 Hz, J = 9.9 Hz, J = 1.4 Hz, 1H), 2.16 (ddd, J = 15.0 Hz, J = 9.7 Hz, J = 1.2 Hz, 1H), 2.17 (s, 3H), 2.53 (ddd, J = 12.4 Hz, J = 8.4 Hz, J = 2.4 Hz, 1H), 2.73 (d, J = 17.4 Hz, 1H), 2.83 (ddd, J = 12.5 Hz, J = 10.9 Hz, J = 2.7 Hz, 1H), 3.16 (d, J = 17.4 Hz, 1H), 3.71 (s, 3H) ppm.

^{13}C{^{1}H}-NMR (125 MHz, CDCl$_3$): δ = 24.95 (CH$_2$), 26.31 (CH$_2$), 30.38 (CH$_3$), 30.43 (CH$_2$), 33.62 (CH$_2$), 41.99 (CH$_2$), 48.50 (CH$_2$), 52.57 (CH$_3$), 61.62 (C), 172.64 (C), 205.80 (C), 209.30 (C) ppm.

IR (ATR): λ^{-1} = 2930 (m), 2860 (w), 1732 (vs), 1706 (vs), 1434 (m), 1363 (m), 1262 (m), 1207 (m), 1164 (s), 1086 (w), 1060 (w), 940 (w), 915 (w), 734 (m) cm^{-1}.

[34a] E. Polo, R. M. Bellabarba, G. Prini, O. Traverso, M. L. H. Green, *J. Organomet. Chem.* **1999**, 577, 211–218.

5.9.5.3 2-Acetoxycycloheptanon-2-carbonsäuremethylester 20c

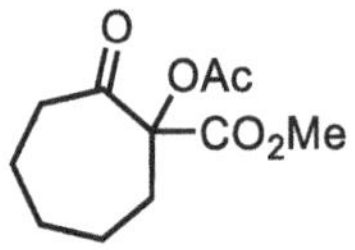

$C_{11}H_{16}O_5$

$M = 228.24$ g mol^{-1}

R_f(SiO$_2$, Hexan / MTBE = 1 / 1) = 0.23.

^{1}H-NMR (500 MHz, CDCl$_3$): δ = 1.34–1.44 (m, 2H), 1.56–1.63 (m, 1H), 1.77–1.81 (m, 2H), 1.87–1.94 (m, 1H), 2.04–2.10 (m, 1H), 2.16 (s, 3H), 2.33–2.38 (m, 1H), 2.68 (ddd, J = 13.1 Hz, J = 6.4 Hz, J = 3.9 Hz, 1H), 2.79 (ddd, J = 13.1 Hz, J = 11.3 Hz, J = 4.0 Hz, 1H), 3.75 (s, 3H) ppm.

^{13}C{^{1}H}-NMR (125 MHz, CDCl$_3$): δ = 20.77 (CH$_3$), 24.08 (CH$_2$), 26.34 (CH$_2$), 29.48 (CH$_2$), 33.93 (CH$_2$), 41.04 (CH$_2$), 52.84 (CH$_3$), 87.72 (C), 169.07 (C), 169.81 (C), 203.29 (C) ppm.

IR (ATR): λ^{-1} = 2989 (w), 2947 (m), 2867 (w), 1759 (s), 1738 (vs), 1720 (vs), 1435 (m), 1370 (m), 1318 (w), 1292 (w), 1266 (m), 1232 (vs), 1185 (m), 1161 (m), 1140 (m), 1113 (w), 1071 (w), 1046 (s), 1010 (m), 998 (m), 959 (m), 939 (m), 903 (m), 836 (w), 800 (m), 737 (m), 668 (w), 620 (m) cm^{-1}.

MS (ESI): m/z (%) = 251 (100) [M + Na$^+$].

HR-MS (ESI):   ber.   251.0895   (für C$_{11}$H$_{16}$NaO$_5$),

                      gef.   251.0884   [M + Na$^+$].

5.9.6 Cer-katalysierte Umsetzung des β-Oxoesters **3f** mit Enolether **12a**

CeCl$_3$ · 7 H$_2$O (13 mg, 34 µmol) wurde zu einer Mischung aus dem β-Oxoester **3f** (200 mg, 687 µmol) und dem Enolether **12a** (344 mg, 3.44 mmol) in TFE (0.5 ml) gegeben und die resultierende Reaktionsmischung 24 h bei 50°C gerührt. Nach Filtration wurden die flüchtigen Anteile im Vakuum entfernt und der Rückstand wurde anschließend über Kieselgel (SiO$_2$, Hexan / MTBE = 2 / 1) chromatographiert. Als erste Fraktion wurde das Edukt **3f** (36 mg, 0.12 mmol, 18%, R$_f$ = 0.44) reisoliert, als zweite Fraktion die Verbindung **22** (24 mg, 72 µmol, 10%, R$_f$ = 0.25) und als dritte Fraktion das α-chlorierte Produkt **23** (16 mg, 49 µmol, 7%, R$_f$ = 0.05) erhalten. Alle Produkte wurden als farblose Öle erhalten.

5.9.6.1 *N*-Benzyloxycarbonyl-*N*-formyl-β-alanin-2,2,2-trifluorethylester 22

C$_{14}$H$_{14}$F$_3$NO$_5$

M = 333.26 g mol^{-1}

R$_f$(SiO$_2$, Hexan / MTBE = 2 / 1) = 0.25.

^{1}H-NMR (500 MHz, CDCl$_3$): δ = 2.68 (t, *J* = 7.2 Hz, 2H), 4.00 (t, *J* = 7.2 Hz, 2H), 4.40 (q, $^3J_{HF}$ = 8.4 Hz, 2H), 5.31 (s, 2H), 7.33–7.42 (m, 5H), 9.20 (s, 1H) ppm.

^{13}C{^{1}H}-NMR (125 MHz, CDCl$_3$): δ = 32.51 (CH$_2$), 36.61 (CH$_2$), 60.86 (q, $^2J_{CF}$ = 36.7 Hz, CH$_2$), 69.41 (CH$_2$), 121.87 (q, $^1J_{CF}$ = 277.2 Hz, CF$_3$), 128.70 (2 CH), 128.99 (2 CH), 129.17 (CH), 134.56 (C), 153.57 (C), 162.49 (CH), 169.40 (C) ppm.

^{19}F{^{1}H}-NMR (470 MHz, CDCl$_3$): δ = −73.75 (s, CF$_3$) ppm.

IR (ATR): λ^{-1} = 2961 (w), 2925 (w), 2853 (w), 1748 (s), 1694 (vs), 1499 (w), 1450 (w), 1407 (w), 1333 (m), 1280 (m), 1213 (w), 1165 (s), 1119 (w), 1066 (w), 1027 (w), 966 (m), 915 (w), 798 (w), 774 (w), 753 (w), 699 (m) cm^{-1}.

MS (ESI): m/z (%) = 356 (100) [M + Na$^+$].

HR-MS (ESI):   ber.   356.0722   (für $C_{14}H_{14}F_3NNaO_5$),

                    gef.   356.0711   [M + Na$^+$].

5.9.6.2 3-Chlor-4-oxopiperidin-1,3-dicarbonsäure-1-benzylester-3-methylester 23

$C_{15}H_{16}ClNO_5$

M = 325.75 g mol^{-1}

R_f(SiO$_2$, Hexan / MTBE = 2 / 1) = 0.05.

^{1}H-NMR (500 MHz, CDCl$_3$): δ = 2.59–2.69 (m, 1H), 2.89–3.03 (m, 1H), 3.75 (s, 3H), 3.75–3.89 (m, 2H), 3.96 (A-Teil eines AB-Systems, J = 14.1 Hz, 1H), 4.53 (B-Teil eines AB-Systems, J = 14.1 Hz, 1H), 5.19 (s, 2H), 7.32–7.43 (m, 5H) ppm.

^{13}C{^{1}H}-NMR (125 MHz, CDCl$_3$): δ = 38.23 (CH$_2$), 43.82 (CH$_2$), 53.28 (CH$_2$), 54.05 (CH$_3$), 68.26 (CH$_2$), 70.63 (C), 128.35 (CH), 128.52 (2 CH), 128.73 (2 CH), 136.01 (C), 154.95 (C), 166.29 (C), 196.44 (C) ppm.

IR (ATR): λ^{-1} = 2958 (w), 2925 (w), 2854 (w), 1737 (s), 1704 (vs), 1435 (m), 1375 (w), 1330 (w), 1281 (m), 1260 (m), 1221 (w), 1170 (w), 1114 (w), 1096 (w), 1015 (m), 978 (m), 911 (w), 798 (m), 756 (m), 739 (m), 699 (s), 669 (w) cm^{-1}.

MS (ESI): m/z (%) = 348 (100) [M + Na$^+$].

5.9.7 Cer-katalysierte Umsetzung des β-Diketons 3h mit Enolether 12a

$CeCl_3 \cdot 7\,H_2O$ (29 mg, 77 µmol) wurde zu einer Mischung aus dem β-Diketon **3h** (215 mg, 1.54 mmol) und dem Enolether **12a** (308 mg, 3.07 mmol) in TFE (2 ml) gegeben und die resultierende Reaktionsmischung 24 h bei 50°C gerührt. Nach Filtration wurden die flüchtigen Anteile im Vakuum entfernt und der Rückstand wurde anschließend über Kieselgel (SiO_2, Hexan / MTBE = 3 / 1 mit Gradient nach 1 / 1) chromatographiert. Das Acyloin **4h** [58 mg, 0.37 mmol, 24%, R_f(Hexan / MTBE = 2 / 1) = 0.38] wurde als farbloses Öl erhalten.

5.9.7.1 2-Acetyl-2-hydroxycyclohexanon 4h[37b,39]

$C_8H_{12}O_3$

$M = 156.18\ \text{g mol}^{-1}$

R_f(SiO_2, Hexan / MTBE = 2 / 1) = 0.38.

1H-NMR (500 MHz, $CDCl_3$): δ = 1.61 (ddd, J = 13.7 Hz, J = 12.2 Hz, J = 4.4 Hz, 1H), 1.63–1.72 (m, 1H), 1.78 (dpentd, J = 14.0 Hz, J = 4.2 Hz, J = 1.4 Hz, 1H), 1.86 (dtt, J = 14.1 Hz, J = 12.1 Hz, J = 3.8 Hz, 1H), 2.03–2.10 (m, 1H), 2.21 (s, 3H), 2.41 (dtd, J = 13.7 Hz, J = 4.0 Hz, J = 2.3 Hz, 1H), 2.63 (dddd, J = 14.0 Hz, J = 5.2 Hz, J = 4.3 Hz, J = 1.4 Hz, 1H), 2.68 (ddd, J = 14.0 Hz, J = 11.9 Hz, J = 6.1 Hz, 1H), 4.61 (br s, 1H) ppm.

[37b] Y.-F. Liang, N. Jiao, *Angew. Chem.* **2014**, *126*, 558–562.
[39] J. Yu, J. Cui, C. Zhang, *Eur. J. Org. Chem.* **2010**, 7020–7026.

^{13}C{^{1}H}-NMR (125 MHz, CDCl$_3$): δ = 21.82 (CH$_2$), 25.58 (CH$_3$), 27.37 (CH$_2$), 38.57 (CH$_2$), 39.52 (CH$_2$), 85.05 (C), 207.50 (C), 209.09 (C) ppm.

IR (ATR): λ^{-1} = 3436 (w, br), 2941 (m), 2872 (w), 1706 (vs), 1417 (m), 1355 (w), 1281 (w), 1227 (w), 1167 (m), 1133 (w), 1071 (w), 1021 (w), 973 (w), 941 (w), 903 (w), 852 (w), 757 (w), 651 (w), 590 (w) cm^{-1}.

5.9.8 Anellierungsreaktionen des 1,4-Diketons **13b**

Methode A: Unter Stickstoffatmosphäre wurde eine Lösung von 1,4-Diketon **13b** (46 mg, 0.20 mmol) in abs. Toluol (0.3 ml) zu einer gerührten Suspension von NaH (33 mg, 60%ig in Mineralöl, 0.81 mmol) in abs. Toluol (1.7 ml) gegeben. Die Mischung wurde auf 111°C erwärmt und bei dieser Temperatur 17 h lang unter Rückfluss gerührt. Anschließend wurde die Reaktionsmischung auf 0°C abgekühlt und mit Salzsäure (10%ig, ca. 0.5 ml) wurde pH = 4 eingestellt. Die Phasen wurden getrennt, die wässrige Phase wurde mit MTBE (3 x 5 ml) extrahiert und die vereinigten organischen Phasen wurden zunächst mit einer gesättigten NaCl-Lösung (10 ml) und anschließend mit Wasser (15 ml) gewaschen. Nach dem Trocknen über $MgSO_4$ und Filtration wurde das Lösungsmittel im Vakuum entfernt. Die Chromatographie an Kieselgel (SiO_2, Hexan / MTBE = 1 / 1, R_f = 0.36) ergab das Indenon **25b** (36 mg, 0.17 mmol, 85%) als farbloses Öl.

Methode B: KO*t*Bu (20 mg, 0.18 mmol) wurde zu einer Lösung des 1,4-Diketons **13b** (34 mg, 0.15 mmol) in DMSO (2 ml) gegeben und die Reaktionsmischung wurde 20 h bei 28°C gerührt. Die Reaktionsmischung wurde auf Raumtemperatur abgekühlt und mit Salzsäure (10%ig, ca. 1 ml) wurde pH = 3 eingestellt. Nach Extraktion mit MTBE (5 ml) wurden die Phasen getrennt und die wässrige Phase mit MTBE (3 x 5 ml) extrahiert. Die vereinigten organischen Phasen wurden zunächst mit einer gesättigten NaCl-Lösung (10 ml) und mit Wasser (10 ml) gewaschen, danach über $MgSO_4$ getrocknet, filtriert und das Lösungsmittel wurde anschließend im Vakuum entfernt. Nach Chromatographie an Kieselgel (SiO_2, Hexan / MTBE = 1 / 2) konnte als erste Fraktion das Indenon **14b** (6 mg, 0.03 mmol, 19%, R_f = 0.44) und als zweite Fraktion das Indenon **33b** (5 mg, 0.03 mmol, 20%, R_f = 0.36), jeweils als farblose Öle, erhalten werden.

Methode C: Unter Stickstoffatmosphäre wurde KO*t*Bu (37 mg, 0.33 mmol) zu einer Lösung des 1,4-Diketons **13b** (62 mg, 0.27 mmol) in abs. DMSO (3 ml) gegeben und die Mischung wurde 20 h bei 100°C gerührt. Die Reaktionsmischung wurde auf Raumtemperatur abgekühlt und mit Salzsäure (10%ig, ca. 1 ml) wurde pH = 4 eingestellt. Nach Extraktion mit MTBE (10 ml) wurden die Phasen getrennt und die wässrige Phase mit MTBE (3 x 10 ml) extrahiert. Die vereinigten organischen Phasen wurden zunächst mit einer gesättigten NaCl-Lösung (15 ml) und mit Wasser (15 ml) gewaschen, danach über $MgSO_4$ getrocknet, filtriert und das Lösungsmittel wurde anschließend im Vakuum entfernt. Nach Chromatographie an Kieselgel (SiO_2, Hexan / MTBE = 1 / 2) konnte als erste Fraktion das Indenon **14b** (29 mg, 0.14 mmol, 51%, R_f = 0.44) als farbloses Öl erhalten werden. Als zweite Fraktion wurde das Indenon **33b** (3 mg, 0.02 mmol, 8%, R_f = 0.36) als farbloses Öl eluiert.

5.9.8.1 1,4,5,6,7,7a-Hexahydro-inden-2-on-4-carbonsäureethylester 25b

$C_{12}H_{16}O_3$

M = 208.26 g mol^{-1}

R_f(SiO_2, Hexan / MTBE = 1 / 1) = 0.36.

¹H-NMR (500 MHz, $CDCl_3$): δ = 1.19 (qd, *J* = 12.9 Hz, *J* = 3.6 Hz, 1H), 1.29 (t, *J* = 7.2 Hz, 3H), 1.38 (qt, *J* = 13.8 Hz, *J* = 4.2 Hz, 1H), 1.52 (qt, *J* = 13.3 Hz, *J* = 3.4 Hz, 1H), 1.87 (dtd, *J* = 13.7 Hz, *J* = 3.3 Hz, *J* = 1.7 Hz, 1H), 2.00–2.05 (m, 1H), 2.22–2.27 (m, 1H), 2.31 (td, *J* = 13.9 Hz, *J* = 5.8 Hz, 1H), 2.84 (ddt, *J* = 14.0 Hz, *J* = 4.1 Hz, *J* = 1.9 Hz, 1H), 2.99–3.05 (m, 2H), 4.15–4.25 (m, 2H), 5.80 (s, 1H) ppm.

¹³C{¹H}-NMR (125 MHz, $CDCl_3$): δ = 14.34 (CH_3), 25.16 (CH_2), 26.73 (CH_2), 31.03 (CH_2), 34.15 (CH_2), 46.06 (CH), 59.46 (CH), 61.66 (CH_2), 125.12 (CH), 169.37 (C), 184.30 (C), 201.47 (C) ppm.

IR (ATR): λ^{-1} = 2979 (w), 2935 (m), 2859 (w), 1732 (s), 1702 (vs), 1621 (s), 1447 (w), 1369 (w), 1336 (w), 1293 (w), 1270 (m), 1252 (m), 1197 (w), 1168 (m), 1144 (s), 1112 (w), 1060 (w), 1025 (m), 941 (w), 857 (w), 840 (m), 786 (w), 677 (w), 650 (w) cm^{-1}.

GC-MS (EI, 70 eV): m/z (%) = 208 (16) [M$^+$], 162 (21), 136 (100), 108 (32), 79 (64).

MS (ESI): m/z (%) = 231 (100) [M + Na$^+$].

HR-MS (ESI):   ber.   231.0997   (für C$_{12}$H$_{16}$NaO$_3$),

                 gef.   231.0992   [M + Na$^+$].

5.9.8.2 3,3a,4,5,6,7-Hexahydro-inden-2-on-3a-carbonsäureethylester 14b[31]

C$_{12}$H$_{16}$O$_3$

M = 208.26 g mol^{-1}

R$_f$(SiO$_2$, Hexan / MTBE = 1 / 2) = 0.44.

^{1}H-NMR (500 MHz, CDCl$_3$): δ = 1.25 (t, J = 7.1 Hz, 3H), 1.32 (td, J = 13.3 Hz, J = 3.8 Hz, 1H), 1.40 (qt, J = 13.2 Hz, J = 4.0 Hz, 1H), 1.54 (qt, J = 13.6 Hz, J = 3.5 Hz, 1H), 1.74–1.79 (m, 1H), 1.98–2.04 (m, 1H), 2.28 (A-Teil eines AB-Systems, J = 18.7 Hz, 1H), 2.39 (tdd, J = 13.5 Hz, J = 5.7 Hz, J = 1.7 Hz, 1H), 2.64 (B-Teil eines AB-Systems, J = 18.7 Hz, 1H), 2.68 (dq, J = 13.4, J = 2.9 Hz, 1H), 2.79 (ddt, J = 13.6 Hz, J = 4.1 Hz, J = 1.9 Hz, 1H), 4.13–4.22 (m, 2H), 5.96 (d, J = 1.5 Hz, 1H) ppm.

[31] E. J. Corey, A. K. Ghosh, *Tetrahedron Lett.* **1987**, *28*, 175–178.

$^{13}C\{^1H\}$-NMR (125 MHz, CDCl$_3$): δ = 14.26 (CH$_3$), 23.31 (CH$_2$), 27.34 (CH$_2$), 30.01 (CH$_2$), 37.88 (CH$_2$), 48.09 (CH$_2$), 54.08 (C), 61.54 (CH$_2$), 128.63 (CH), 173.30 (C), 181.80 (C), 206.46 (C) ppm.

IR (ATR): λ^{-1} = 2928 (m), 2858 (m), 1719 (vs), 1626 (m), 1448 (m), 1411 (w), 1368 (w), 1289 (w), 1262 (w), 1228 (w), 1182 (m), 1136 (w), 1024 (m), 985 (w), 854 (w), 763 (w), 676 (w) cm^{-1}.

5.9.8.3 1,4,5,6,7,7a-Hexahydro-inden-2-on 33b[40]

C$_9$H$_{12}$O

M = 136.19 g mol^{-1}

R$_f$(SiO$_2$, Hexan / MTBE = 1 / 2) = 0.36.

^{1}H-NMR (300 MHz, CDCl$_3$): δ = 1.12 (qd, J = 12.5 Hz, J = 3.4 Hz, 1H), 1.35–1.57 (m, 2H), 1.82–1.94 (m, 1H), 1.97 (A-Teil eines ABX-Systems, J = 17.7 Hz, J = 6.5 Hz, 1H), 2.01–2.05 (m, 1H), 2.15–2.32 (m, 2H), 2.57 (B-Teil eines ABX-Systems, J = 17.7 Hz, J = 2.0 Hz, 1H), 2.60–2.68 (m, 1H), 2.78–2.83 (m, 1H), 5.83 (s, 1H) ppm.

$^{13}C\{^1H\}$-NMR (125 MHz, CDCl$_3$): δ = 25.43 (CH$_2$), 27.20 (CH$_2$), 31.17 (CH$_2$), 35.17 (CH$_2$), 41.96 (CH), 42.55 (CH$_2$), 126.89 (CH), 185.12 (C), 209.41 (C) ppm.

IR (ATR): λ^{-1} = 2926 (s), 2855 (m), 1713 (vs), 1620 (s), 1462 (m), 1447 (m), 1408 (w), 1369 (w), 1290 (w), 1261 (m), 1181 (m), 1094 (m), 1023 (m), 949 (w), 855 (m), 802 (m), 675 (w) cm^{-1}.

[40] S. C. Welch, J. M. Assercq, J. P. Loh, S. A. Glase, *J. Org. Chem.* **1987**, *52*, 1440–1450.

5.9.9 Anellierungsreaktionen des 1,4-Diketons **13c**

Methode A: Unter Stickstoffatmosphäre wurde eine Lösung von 1,4-Diketon **13c** (49 mg, 0.22 mmol) in abs. Toluol (0.3 ml) zu einer gerührten Suspension von NaH (35 mg, 60%ig in Mineralöl, 0.87 mmol) in abs. Toluol (1.7 ml) gegeben. Die Mischung wurde auf 111°C erwärmt und bei dieser Temperatur 18 h lang unter Rückfluss gerührt. Anschließend wurde die Reaktionsmischung auf Raumtemperatur abgekühlt und mit Salzsäure (10%ig, ca. 0.5 ml) wurde pH = 3 eingestellt. Die Phasen wurden getrennt, die wässrige Phase wurde mit MTBE (3 x 10 ml) extrahiert und die vereinigten organischen Phasen wurden zunächst mit einer gesättigten NaCl-Lösung (15 ml) und anschließend mit Wasser (15 ml) gewaschen. Nach der Trocknen über MgSO$_4$ und Filtration wurde das Lösungsmittel im Vakuum entfernt. Nach Chromatographie an Kieselgel (SiO$_2$, Hexan / MTBE = 1 / 2) konnte als erste Fraktion das Azulenon **25c** (15 mg, 72 μmol, 33%, R$_f$ = 0.39) als farbloses Öl erhalten werden. Als zweite Fraktion wurde das Azulenon **26c** (16 mg, 77 μmol, 35%, R$_f$ = 0.26) als farbloses Öl eluiert.

Methode B: KO*t*Bu (74 mg, 0.66 mmol) wurde zu einer Lösung des 1,4-Diketons **13c** (125 mg, 552 μmol) in abs. DMSO (4.7 ml) gegeben und die Reaktionsmischung wurde 20 h bei 50°C gerührt. Die Reaktionsmischung wurde auf 0°C abgekühlt und mit Salzsäure (10%ig, ca. 1 ml) wurde pH = 3 eingestellt. Nach Extraktion mit MTBE (5 ml) wurden die Phasen getrennt und die wässrige Phase mit MTBE (3 x 5 ml) extrahiert. Die vereinigten organischen Phasen wurden zunächst mit einer gesättigten NaCl-Lösung (10 ml) und mit Wasser (10 ml) gewaschen, danach über MgSO$_4$ getrocknet, filtriert und das Lösungsmittel wurde anschließend im Vakuum entfernt. Nach Chromatographie an Kieselgel (SiO$_2$, Hexan / MTBE = 1 / 2) konnte als erste Fraktion das Azulenon **14c** (15 mg, 72 μmol, 13%, R$_f$ = 0.42) als farbloses Öl erhalten werden. Als zweite Fraktion wurde das Azulenon **33c** (31 mg, 0.21 mmol, 37%, R$_f$ = 0.35) als farbloses Öl eluiert.

5.9.9.1 4,5,6,7,8,8a-Hexahydro-1*H*-azulen-2-on-4-carbonsäuremethylester 25c

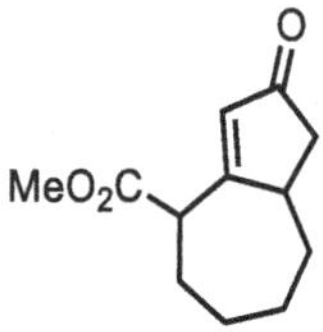

$C_{12}H_{16}O_3$

M = 208.26 g mol^{-1}

R_f(SiO$_2$, Hexan / MTBE = 1 / 2) = 0.39.

^{1}H-NMR (500 MHz, CDCl$_3$): δ = 1.49 (ddt, *J* = 14.1 Hz, *J* = 8.1 Hz, *J* = 2.8 Hz, 1H), 1.49–1.58 (m, 2H), 1.67–1.78 (m, 3H), 1.81–1.87 (m, 1H), 1.97–2.03 (m, 1H), 2.66–2.72 (m, 1H), 2.76–1.82 (m, 1H), 3.08 (d, *J* = 3.5 Hz, 1H), 3.31–3.36 (m, 1H), 3.77 (s, 3H), 5.85 (d, *J* = 1.4 Hz, 1H) ppm.

^{13}C{^{1}H}-NMR (125 MHz, CDCl$_3$): δ = 26.65 (CH$_2$), 28.24 (CH$_2$), 30.59 (CH$_2$), 32.85 (CH$_2$), 33.12 (CH$_2$), 48.88 (CH), 52.73 (CH$_3$), 60.78 (CH), 127.86 (CH), 169.82 (C), 187.49 (C), 201.31 (C) ppm.

IR (ATR): λ^{-1} = 2926 (m), 2856 (w), 1733 (s), 1701 (vs), 1605 (m), 1437 (m), 1342 (m), 1245 (m), 1193 (w), 1148 (s), 1072 (w), 1023 (w), 996 (w), 924 (w), 812 (w) cm^{-1}.

MS (ESI): m/z (%) = 231 (100) [M + Na$^+$].

HR-MS (ESI):   ber.   231.0997   (für C$_{12}$H$_{16}$NaO$_3$),

                        gef.   231.0992   [M + Na$^+$].

5.9.9.2 3a,4,5,6,7,8-Hexahydro-3H-azulen-2-on-1-carbonsäuremethylester 26c

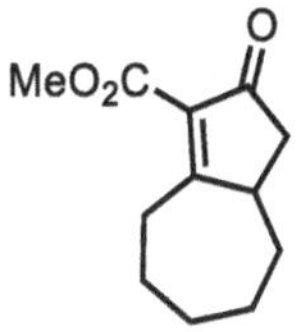

$C_{12}H_{16}O_3$

$M = 208.26$ g mol^{-1}

R_f(SiO$_2$, Hexan / MTBE = 1 / 2) = 0.26.

^{1}H-NMR (500 MHz, CDCl$_3$): δ = 1.35–1.58 (m, 3H), 1.65–1.95 (m, 4H), 1.99–2.03 (m, 1H), 2.10 (dd, A-Teil eines ABX-Systems, J = 18.6 Hz, J = 2.8 Hz, 1H), 2.76 (dd, B-Teil eines ABX-Systems, J = 18.6 Hz, J = 6.9 Hz, 1H), 3.00–3.10 (m, 3H), 3.83 (s, 3H) ppm.

^{13}C{^{1}H}-NMR (125 MHz, CDCl$_3$): δ = 26.00 (CH$_2$), 28.88 (CH$_2$), 30.50 (CH$_2$), 33.28 (CH$_2$), 34.58 (CH$_2$), 43.45 (CH), 44.18 (CH$_2$), 51.90 (CH$_3$), 131.04 (C), 164.05 (C), 194.53 (C), 202.84 (C) ppm.

IR (ATR): λ^{-1} = 2925 (m), 2855 (w), 1739 (s), 1707 (vs), 1605 (m), 1436 (m), 1363 (m), 1309 (m), 1230 (m), 1207 (m), 1157 (m), 1111 (w), 1020 (s), 781 (w), 733 (w) cm^{-1}.

MS (ESI): m/z (%) = 231 (100) [M + Na$^+$].

HR-MS (ESI):   ber.   231.0997   (für C$_{12}$H$_{16}$NaO$_3$),

                      gef.   231.0991   [M + Na$^+$].

5.9.9.3 3a,4,5,6,7,8-Hexahydro-3H-azulen-2-on-3a-carbonsäuremethylester 14c[33]

$C_{12}H_{16}O_3$

$M = 208.26 \text{ g mol}^{-1}$

$R_f(SiO_2, \text{Hexan} / MTBE = 1 / 2) = 0.42$.

1H-NMR (500 MHz, CDCl3): δ = 1.33–1.39 (m, 1H), 1.44–1.52 (m, 1H), 1.54–1.59 (m, 1H), 1.62–1.72 (m, 2H), 1.77 (ddd, J = 13.9 Hz, J = 10.1 Hz, J = 1.7 Hz, 1H), 1.82–1.88 (m, 1H), 2.29 (A-Teil eines AB-Systems, J = 18.0 Hz, 1H), 2.31 (ddd, J = 14.1 Hz, J = 8.7 Hz, J = 1.6 Hz, 1H), 2.54 (dddd, J = 14.5 Hz, J = 9.6 Hz, J = 3.8 Hz, J = 1.2 Hz, 1H), 2.80 (ddd, J = 10.7 Hz, J = 7.6 Hz, J = 3.8 Hz, 1H), 2.85 (B-Teil eines AB-Systems, J = 18.1 Hz, 1H), 3.71 (s, 3H), 5.98 (t, J = 1.1 Hz, 1H) ppm.

13C{1H}-NMR (125 MHz, CDCl3): δ = 24.76 (CH2), 28.99 (CH2), 29.76 (CH2), 31.38 (CH2), 36.29 (CH2), 48.91 (CH2), 52.74 (CH3), 57.42 (C), 132.00 (CH), 174.19 (C), 183.28 (C), 206.62 (C) ppm.

IR (ATR): λ⁻¹ = 2927 (m), 2856 (w), 1726 (vs), 1689 (vs), 1614 (m), 1449 (m), 1412 (w), 1294 (w), 1246 (m), 1193 (m), 1161 (m), 1013 (w), 931 (w), 864 (w), 842 (w) cm⁻¹.

MS (ESI): m/z (%) = 231 (100) [M + Na⁺].

HR-MS (ESI):   ber.   231.0997   (für $C_{12}H_{16}NaO_3$),

                      gef.   231.0991   [M + Na⁺].

[33] Z.-F. Xie, H. Suemune, K. Sakai, *J. Chem. Soc., Chem. Commun.* **1988**, 612–613.

5.9.9.4 4,5,6,7,8,8a-Hexahydro-1H-azulen-2-on 33c[41]

$C_{10}H_{14}O$

M = 150.22 g mol^{-1}

R_f(SiO$_2$, Hexan / MTBE = 1 / 2) = 0.35.

¹H-NMR (500 MHz, CDCl$_3$): δ = 1.34–1.54 (m, 3H), 1.65–1.70 (m, 2H), 1.71–1.77 (m, 1H), 1.80–1.86 (m, 1H), 1.91–1.96 (m, 1H), 2.00 (dd, A-Teil eines ABX-Systems, J = 18.4 Hz, J = 2.6 Hz, 1H), 2.66 (dd, B-Teil eines ABX-Systems, J = 18.4 Hz, J = 6.4 Hz, 1H), 2.66–2.77 (m, 2H), 2.91–2.95 (m, 1H), 5.85 (q, J = 1.5 Hz, 1H) ppm.

¹³C{¹H}-NMR (125 MHz, CDCl$_3$): δ = 26.52 (CH$_2$), 28.63 (CH$_2$), 30.43 (CH$_2$), 32.83 (CH$_2$), 34.38 (CH$_2$), 44.50 (CH$_2$), 44.56 (CH), 129.85 (CH), 187.95 (C), 209.06 (C) ppm.

IR (ATR): λ^{-1} = 2921 (m), 2853 (w), 1686 (vs), 1603 (s), 1450 (w), 1409 (w), 1349 (w), 1285 (w), 1246 (w), 1189 (m), 1170 (m), 1121 (w), 1071 (w), 947 (w), 911 (w), 854 (w), 665 (w) cm^{-1}.

[41] a) C. A. Shook, M. L. Romberger, S.-H. Jung, M. Xiao, J. P. Sherbine, B. Zhang, F.-T. Lin, T. Cohen, *J. Am. Chem. Soc.* **1993**, *115*, 10754–10773; b) A. Giannini, Y. Coquerel, A. E. Greene, J.-P. Depres, *Tetrahedron Lett.* **2004**, *45*, 6749–6751.

Liste der dargestellten Verbindungen

CbzHN–CO$_2$H

17, S. 42

CbzHN–CO$_2$Me

18, S. 43

3d, X = CH$_2$S, S. 44
3e, X = N(Cbz), S. 45
3f, X = CH$_2$N(Cbz), S. 46

4a, n = 1, R = OEt, S. 50
4b, n = 2, R = OEt, S. 52
4c, n = 3, R = OMe, S. 54
4h, n = 2, R = Me S. 59

13a, n = 1, R = Et, S. 49
13b, n = 2, R = Et, S. 53
13c, n = 3, R = Me, S. 55

20a, n = 1, R = Et, X = OAc, S. 48
21, n = 2, R = Et, X = Cl, S. 51
20c, n = 3, R = Me, X = OAc, S. 56

22, S. 57

23, S. 58

25b, n = 1, R = Et, S. 62
25c, n = 2, R = Me, S. 66

14b, n = 1, R = Et, S. 63
14c, n = 2, R = Me, S. 68

26c, S. 67

33b, n = 1, S. 64
33c, n = 2, S. 69

Literaturverzeichnis

Amarnath, V., Anthony, D. C., Amarnath, K., Valentine, W. M., Wetterau, L. A., Graham, D. G., *J. Org. Chem.* **1991**, *56*, 6924–6931.

Anxin, W., Mingyi, W., Yonghong, G., Xinfu, P., *J. Chem. Res. (S)* **1998**, 136–137.

Aupoix, A., Vo-Thanh, G., *Synlett* **2009**, 1915–1920.

Banerjee, D. K., Mahapatra, S. N., *Tetrahedron* **1960**, *11*, 234–240.

Bégué, J. P., Bonnet-Delpon, D., Crousse, B., *Synlett* **2004**, 18–29.

Bender, M., Masterarbeit, Universität Oldenburg, **2011**.

Bergmann, E. D., Ginsburg, D., Pappo, R., *Org. React.* **1959**, *10*, 179–563.

Bjelakovic, M., Todorovic, N., Milic, D., *Eur. J. Org. Chem.* **2012**, 5291–5300.

Blaise, E. E., *C. R. Hebd. Seances Acad. Sci.* **1901**, *132*, 987–990.

Blanksby, S. J., Ellison, G. B., Bierbaum, V. M., Kato, S., *J. Am. Chem. Soc.* **2002**, *124*, 3196–3197.

Calter, M. A., Zhu, C., *Org. Lett.* **2002**, *4*, 205–208.

Campaigne, E., Foye, W. O., *J. Org. Chem.* **1952**, *17*, 1405–1412.

Cason, J., Rinehart, K. L., Thornton, S. D., *J. Org. Chem.* **1953**, *18*, 1594–1600.

Chatfield, D. C., Augsten, A., D'Cunha, C., Lewandowska, E., Wnuk, S. F., *Eur. J. Org. Chem.* **2004**, 313–322.

Christoffers, J., Werner, T., *Synlett* **2002**, 119–121.

Christoffers, J., Werner, T., Unger, S., Frey, W., *Eur. J. Org. Chem.* **2003**, 425–431.

Christoffers, J., Werner, T., Frey, W., Baro, A., *Eur. J. Org. Chem.* **2003**, 4879–4886.

Christoffers, J., Werner, T., Frey, W., Baro, A., *Chem. Eur. J.* **2004**, *10*, 1042–1045.

Christoffers, J., Sluiter, J., Schmidt, J., *Synthesis* **2011**, 895–900.

Claisen, L., Lowman, O., *Ber. Dtsch. Chem. Ges.* **1887**, *20*, 651–654.

Corey, E. J., Ghosh, A. K., *Tetrahedron Lett.* **1987**, *28*, 175–178.

Dieckmann, W., *Ber. Dtsch. Chem. Ges.* **1894**, *27*, 102–103.

Diedrich, C. L., Dissertation, Universität Oldenburg, **2008**.

Dodd, D. S., Oehlschlager, A. C., *J. Org. Chem.* **1992**, *57*, 2794–2803.

Eberson, L., Hartshorn, M. P., Persson, O., *J. Chem. Soc., Perkin Trans. 2* **1995**, 1735–1744.

Feist, F., *Chem. Ber.* **1902**, *35*, 1545–1556.

Galopin, C. C., *Tetrahedron Lett.* **2001**, *42*, 5589–5591.

Giannini, A., Coquerel, Y., Greene, A. E., Depres, J.-P., *Tetrahedron Lett.* **2004**, *45*, 6749–6751.

Greatrex, B. W., Jevric, M., Kimber, M. C., Krivickas, S. L., Taylor, D. K., Tiekink, E. R. T., *Synthesis* **2003**, 668–672.

Greatrex, B. W., Kimber, M. C., Taylor, D. K., Tiekink, E. R. T., *J. Org. Chem.* **2003**, *68*, 4239–4246.

Harrington, P. E., Tius, M. A., *J. Am. Chem. Soc.* **2001**, *123*, 8509–8514.

Hori, Y., Mitsudo, T., Watanabe, Y., *J. Organomet. Chem.* **1987**, *321*, 397–408.

Islam, A. M., Rahael, R. A., *J. Chem. Soc.* **1952**, 4086–4087.

Kaleta, Z., Makowski, B. T., Soos, T., Dembinski, R., *Org. Lett.* **2006**, *8*, 1625–1628.

Karasawa, D., Shimizu, S., *Agric. Biol. Chem.* **1978**, *42*, 433–437.

Kasavan, V., Bonnet-Delpon, D., Bégué, J. P., *Synthesis* **2000**, 223–225.

Khaksar, S., Talesh, S. M., *J. Fluorine Chem.* **2012**, *140*, 95–98.

Klipa, D. K., Hart, H., *J. Org. Chem.* **1981**, *46*, 2815–2816.

Kornblum, N., De La Mare, H. E., *J. Am. Chem. Soc.* **1951**, *73*, 880–881.

Kürti, L., Czakó, B., *Strategic Applications of Named Reactions in Organic Synthesis*, Elsevier Academic Press, Amsterdam, **2005**, 138–139.

Lawrence, B. M., *Perf. Flav.* **1993**, *18*, 67.

Leonard, N. J., Neelima, A., *Tetrahedron Lett.* **1995**, *36*, 7833–7836.

Liang, Y.-F., Jiao, N., *Angew. Chem.* **2014**, *126*, 558–562.

Mei, Y., Bentley, P. A., Du, J., *Tetrahedron Lett.* **2008**, *49*, 3802–3804.

Mete, E., Altundas, R., Secen, H., Balc, M., *Turk. J. Chem.* **2003**, *27*, 145–154.

Michael, A., *Am. Chem. J.* **1887**, 9, 112–115.

Middleton, W. J., Lindsey Jr., R. V., *J. Am. Chem. Soc.* **1964**, *86*, 4948–4952.

Minetto, G., Raveglia, L. F., Sega, A., Taddei, M., *Eur. J. Org. Chem.* **2005**, 5277–5288.

Nakatsuji, H., Nishikado, H., Ueno, K., Tanabe, Y., *Org. Lett.* **2009**, *11*, 4258–4261.

Oberdieck, R., *Z. Naturforsch. B* **1981**, *B36*, 23–29.

Okano, K., Mitsuhashi, N., Tokuyama, H., *Tetrahedron* **2013**, *69*, 10946–10954.

Paal, C., *Ber. Dtsch. Chem. Ges.* **1885**, *18*, 367–371.

Penning, M., Christoffers, J., *Eur. J. Org. Chem.* **2014**, 389–400.

Pohmakotr, M., Pinsa, A., Mophuang, T., Tuchinda, P., Prabpai, S., Kongsaeree, P., Reutrakul, V., *J. Org. Chem.* **2006**, *71*, 386–387.

Polo, E., Bellabarba, R. M., Prini, G., Traverso, O., Green, M. L. H., *J. Organomet. Chem.* **1999**, *577*, 211–218.

Randl, S., Blechert, S., *J. Org. Chem.* **2003**, *68*, 8879–8882.

Rao, H. S. P., Jothilingam, S., *J. Org. Chem.* **2003**, *68*, 5392–5394.

Rao, H. S. P., Jothilingam, S., Scheeren, H. W., *Tetrahedron* **2004**, *60*, 1625–1630.

Rao, H. S. P., Rafi, S., Padmavathi, K., *Tetrahedron* **2008**, *64*, 8037–8043.

Ravikumar, K. S., Zhang, Y. M., Bégué, J. P., Bonnet-Delpon, D., *Eur. J. Org. Chem.* **1998**, 2937–2940.

Rössle, M., Dissertation, Universität Oldenburg, **2008**.

Rössle, M., Christoffers, J., *Tetrahedron* **2009**, *65*, 10941–10944.

Rong, Z.-Q., Li, Y., Yang, G.-Q., You, S.-L., *Synlett* **2011**, 1033–1037.

Schadt, F. L., Bentley, T. W., Schleyer, P. v. R., *J. Am. Chem. Soc.* **1976**, *98*, 7667–7675.

Sharma, D., Bandna, Shil, A. K., Singh, B., Das, P., *Synlett* **2012**, 1199–1204.

Shook, C. A., Romberger, M. L., Jung, S.-H., Xiao, M., Sherbine, J. P., Zhang, B., Lin, F.-T., Cohen, T., *J. Am. Chem. Soc.* **1993**, *115*, 10754–10773.

Sisido, K., Utimoto, K., Isida, T., *J. Org. Chem.* **1964**, *29*, 2781–2782.

Staben, S. T., Linghu, X., Toste, F. D., *J. Am. Chem. Soc.* **2006**, *128*, 12658–12659.

Stauffer, F., Neier, R., *Org. Lett.* **2000**, *2*, 3535–3537.

Stetter, H., Schreckenberg, M., *Angew. Chem.* **1973**, *85*, 89–89.

Stetter, H., Kuhlmann, H., *Org. React.* **1991**, *40*, 407–496.

Trost, B. M., *Science* **1991**, *254*, 1471–1477.

Veitch, G. E., Bridgwood, K. L., Rands-Trevor, K., Ley, S. V., *Synlett* **2008**, 2597–2600.

Wale, D. E., Rasheed, M. A., Gillis, H. M., Beye, G. E., Jheengut, V., Achonduh, G. T., *Synthesis* **2007**, 1584–1586.

Ward, D. E., Sales, M., Man, C. C., Shen, J., Sasmal, P. K., Guo, C., *J. Org. Chem.* **2002**, *67*, 1618–1629.

Welch, S. C., Asserq, J.-M., Loh, J.-P., *Tetrahedron Lett.* **1986**, *27*, 1115–1118.

Welch, S. C., Asserq, J.-M., Loh, J.-P., Glase, S. A., *J. Org. Chem.* **1987**, *52*, 1440–1450.

Werner, T., Dissertation, Universität Stuttgart, **2004**.

Wittig, G., Davis, P., Koenig, G., *Chem. Ber.* **1951**, *84*, 627–631.

Xie, Z.-F., Suemune, H., Sakai, K., *J. Chem. Soc., Chem. Commun.* **1988**, 612–613.

Yu, J., Cui, J., Zhang, C., *Eur. J. Org. Chem.* **2010**, 7020–7026.

Zhao, Y.-M., Gu, P., Tu, Y.-Q., Fan, C.-A., Zhang, Q., *Org. Lett.* **2008**, *10*, 1763–1766.

Zhou, G., Lim, D., Coltart, D. M., *Org. Lett.* **2008**, *10*, 3809–3812.

Printed in the United States
By Bookmasters